VERGLEICHEND-PHYSIOLOGISCHES PRAKTIKUM

MIT BESONDERER BERÜCKSICHTIGUNG DER NIEDEREN TIERE

VON

W. v. BUDDENBROCK UND G. v. STUDNITZ

MIT 43 ABBILDUNGEN

BERLIN

VERLAG VON JULIUS SPRINGER

1936

ISBN-13: 978-3-642-98761-8   e-ISBN-13: 978-3-642-99576-7
DOI: 10.1007/978-3-642-99576-7

Vorwort.

Das Erscheinen des vorliegenden kleinen Büchleins geht auf die Anregung vieler meiner Schüler zurück. Trotzdem es schon zahlreiche physiologische Praktika gibt, kann es nicht geleugnet werden, daß hier eine Lücke auszufüllen war. In den meisten derartigen Werken kommen die wirbellosen Tiere viel zu kurz weg. Ich habe mich aber in vieljähriger Lehrpraxis davon überzeugen können, daß man gerade mit den wirbellosen Tieren sehr viele anschauliche Versuche und Demonstrationen anstellen kann, die meist so einfach sind, daß sie auch an den höheren Schulen mit Leichtigkeit vorgeführt werden können. Um diesem Zwecke zu genügen, sind die meisten Versuche möglichst einfach gehalten und ohne kostspielige Apparatur auszuführen. Ich hoffe daher, daß das Buch auch Eingang in die Schulen finden wird.

Die in den meisten Practica abgehandelten Wirbeltierversuche sind absichtlich fortgelassen.

Das Buch hat eine durchaus subjektive Note, es enthält im wesentlichen diejenigen Versuche, die in dem von mir ins Leben gerufenen physiologischen Praktikum des Kieler Zoologischen Instituts durchgenommen wurden. Es sind nur verhältnismäßig wenig neue Versuche hinzugekommen. Aus dieser Entstehung erklärt sich auch die Auswahl des Stoffes. Eine große Zahl der aufgenommenen Versuche ist den Veröffentlichungen meiner Schüler oder meiner Mitarbeiter entnommen, etliche stammen auch aus meinen eigenen Arbeiten. Aus der Bindung an das Kieler Zoologische Institut erklärt sich auch die Heranziehung vieler mariner Tiere. Da es bei den heutigen Verkehrsverhältnissen sehr leicht ist, lebende Seetiere ins Binnenland zu verschicken, ist dies, wie ich glaube, kein Fehler.

Es ist mir eine angenehme Pflicht, bei dieser Gelegenheit meinen früheren Mitarbeitern zu danken, die mir beim Aufbau des Kieler Praktikums mit Rat und Tat zur Seite gestanden haben. Ich denke hierbei hauptsächlich an Herrn Prof. KOLLER, Herrn Dr. FRIEDRICH und Herrn Dr. VON STUDNITZ.

Halle, den 14. Oktober 1936.

W. V. BUDDENBROCK.

Inhaltsverzeichnis.

	Seite
Lichtsinn	1
1. Hautlichtsinn	1
Lichtreflex von *Mya arenaria*	1
Schattenreflex verschiedener Tiere	1
Versuche mit *Balanus*	2
Versuche über den Schatten- und Lichtreflex beim Regenwurm	4
Phobische Reaktionen von STENTOR	4
2. Versuche an der Pupille	5
a) Die Reaktionszeit verkürzt sich mit steigendem Reiz	5
b) Der Reizerfolg steigert sich mit wachsendem Reiz	5
c) WEBERsches Gesetz	5
3. Phototaxis	6
Phototaxis von *Daphnia magna, Daphnia pulex* und anderen Arten	6
Der Zweilichterversuch	7
4. Skototaxis	8
5. Lichtrückenreflex	8
6. Lichtkompaßorientierung	9
1. Desorientierung der Tiere im Dunkeln	9
2. Demonstration der Lichtkompaßorientierung	9
7. Optomotorische Reaktionen	11
8. Echtes Bewegungssehen	13
Eupagurus	13
Libellenlarve	13
Stubenfliege	13
9. Der binokulare Sehraum des Insektenauges	14
10. Der Formensinn	14
11. Farbensinn	15
Daphnia	15
Farbdressuren der Bienen	16
Nachweis des farbigen Simultankontrastes bei der Biene	16
Farbdressur von Fischen	17
12. Versuche an der Wirbeltierretina	17
Die Ausbleichung des Sehpurpurs	17
Die Phosphorsäurebildung in der Retina bei Belichtung	17
Demonstration der Ölkugeln in der Sauropsidenretina	18
Demonstration der Pigment-, Zapfen- und Stäbchenwanderung in der Netzhaut der Knochenfische	18
Demonstration des Netzhautbildes am frischen Auge	18
13. Die Akkommodation des Schildkrötenauges	18
14. Automatie der Frosch- oder Aaliris	19
15. Strahlengang im Superpositionsauge des Leuchtkäfers *(Lampyris)*	19
Mechanischer Sinn	20
Die Funktion der Halteren der Dipteren	20
Der Zusammenhang von Schwirren und Tarsenberührung bei Musca	21
Der Umdrehreflex von *Asterias*, Raupen und Tricladen	21
Thigmotaxis bei *Paramaecium* und anderen Infusorien	22
Aufhebung der Statoreflexe durch die Thigmotaxis bei *Astacus*	22
Fallreflexe	22
Der homostrophische Reflex	23
Nachweis des Gehörsinns bei *Rana*	24
Statoreflexe	25

Inhaltsverzeichnis. V

Seite

1. Positive und negative Geotaxis. 25
2. Statische Augenreflexe. 27
3. Kompensatorische Körperstellreflexe (Gleichgewichtsreflexe) 29
4. Gleichgewichtsreflexe der Wirbeltiere 31
5. Bogengangreflexe 32
6. Der freie Fall. 32

Der Temperatursinn 32
  Der Temperatursinn von *Hirudo medicinalis* 32
  Der Temperatursinn von *Helix pomatia* 33
  Versuche zum Temperatursinn von *Rana* 33
  Arbeiten mit der Temperaturorgel. 34

Chemischer Sinn. 35
  Der Nachweis des chemischen Sinnes von *Hydra* 35
  Der chemische Sinn der Mundarme von *Aurelia aurita* 35
  Der chemische Sinn der Spinnen 35
  Hervorlockung verschiedener Tiere durch Darbietung chemisch-sensorisch
    wirksamer Nahrungsstoffe 36
  Der Geschmackssinn von *Hirudo* 36
  Bestimmung der chemisch reizbaren Körperstellen und deren relativer
    Empfindlichkeit bei *Helix* 37
  Untersuchungen über den Geschmackssinn der Fliegen und Schmetterlinge 37
  Dressur von Bienen auf Gerüche 37

Versuche zur Nervenphysiologie 38
  Coelenteraten 38
    Versuche mit *Aurelia aurita* 38
  Würmer 40
    Versuche mit Planarien 40
    Zur Nervenphysiologie von *Hirudo* 40
    Zur Bewegungsphysiologie des Regenwurms 42
    Die Leitungsgeschwindigkeit im Bauchmark von *Lumbricus* 45
    Versuche zum Zuckreflex der Regenwürmer 46
    Versuche mit Polychaeten 47
  Mollusken. 49
    Der Schalenschließreflex der Muscheln 49
    Der Schalenöffnungsreflex der Muscheln. 49
    Die Bedeutung der Ganglien für den Schließreflex 49
    Die autonomen Bewegungen des Fußes, des Mantels und des Velums 49
    Die Kriechbewegung von *Helix*, *Littorina* und *Limax* 50
    Kymographische Aufzeichnung der Kriechbewegung von *Helix* . . . 50
    Demonstration der lokomotorisch aktiven Phase des Wellenspiegels auf
      der Sohle von *Helix* 52
  Echinodermen. 52
    Versuche mit *Asterias* 52
    Der Seeigel. 53
    Ophiuroideen 55
  Arthropoden. 56
    Der Schreitrhythmus von *Dixippus (Carausius) morosus* 56
    Die Plastizität des Nervensystems bei *Dytiscus* 57
    Die Plastizität bei Phalangium 58
    Die Rolle des Oberschlundganglions. 58
    Die Rolle des Unterschlundganglions 59
    Die gegenseitige Beeinflussung der Gehirn- und Bauchmarkimpulse . 59
    Das Öffnen und Schließen der Krebsschere in Abhängigkeit von gebeugter
      und gestreckter Haltung der Schere 60
    Das BIEDERMANNsche Phänomen 60
    Analyse der Antennenfunktion und Demonstration von tonischer Licht-
      wirkung bei *Aeschna*-Larven 61

Seite

Wasserhaushalt 62
   1. Nachweis der Wasserverdunstung von Landtieren 62
   2. Wasserhaushalt verschiedener Wassertiere 62
Das Blut 65
   Zählung der roten Blutkörperchen 65
   Vergleich des Hämoglobingehalts verschiedener Blutarten 66
   Nachweis der Gleichheit der Häminkrystalle aus verschiedenem Blut . . 66
   Herstellung von Hämoglobinkrystallen 67
   Arbeiten mit dem BARCROFT-Apparat 67
   Die quantitative Bestimmung des Blutzuckers 69
   Blutgerinnung 70
   Blutkreislauf und Herz 73
      1. Anneliden 73
      2. Mollusken 74
   Umkehr des Herzschlages 75
   Beobachtung des Blutkreislaufes in der Froschlunge 76
   Beobachtung des Kreislaufes in der Schwimmhaut des Frosches 77
Atmung 77
   Messung der Sauerstoffaufnahme 78
   Arbeiten mit der Gaspipette 81
   Die Atemregulation der Insekten 82
   Atemregulation des peripheren Tracheensystems 83
   Bestimmung der Atemgröße der *Dytiscus*-Larve 84
   Messung des Sauerstoffverbrauchs nach WINKLER 85
   Bestimmung der Hautatmung verschiedener Wirbeltiere 85
   Schwimmblase 86
Farbwechsel 87
Die Physiologie der Lokomotionsorgane 90
   Versuche zur Flimmerbewegung 90
      1. Die Flimmerbewegung auf der Rachenschleimhaut des Frosches . . 90
      2. Demonstration der Flimmerbewegung bei anderen Tieren 91
      3. Analyse des Cilienschlages 92
      4. Der Einfluß des Nervensystems auf den Cilienschlag 92
   Versuche zur Muskelphysiologie 93
   Die Strukturelemente des quergestreiften Muskels und ihre Teilnahme
      an der Kontraktion 93
   Der Kontraktionsverlauf beim quergestreiften und bei dem glatten
      Muskel 94
   Die Bestimmung der Schlagfrequenz von Insektenflügelmuskeln 98
   Das Alles- oder Nichts-Gesetz bei der einzelnen glatten Muskelfaser . 99
   Die Wärmeproduktion des arbeitenden Muskels 100
   Nachweis eines Muskelantagonismus 101
   Tonische und nichttonische Muskeln 102
   Demonstration des viscosoiden oder plastischen Tonus 103
   Schwimm- und Tonusmuskel von *Pecten* 104
Physiologie der Ernährung 105
   Demonstration der Nahrungsaufnahme verschiedener Tiere 105
   Die Verdauungsfermente 108
      1. Carbohydrasen 108
      2. Cellulasen 111
      3. Proteasen 111
      4. Lipasen 113
   Die H-Ionenkonzentration im Verdauungstractus 114
   Die Leber der Wirbeltiere als Speicherorgan 116
   Phosphornachweis im Leberextrakt von Schnecken 117
Excretion 118
   Nachweis bestimmter Excretstoffe 118
   Harnstoffnachweis im Blut verschiedener Tiere 119
   Nachweis der Harnstoffausscheidung des Fisches durch die Kieme . . 119
Sachverzeichnis 121

Lichtsinn.

1. Hautlichtsinn.

Viele Tiere sind lichtempfindlich, obgleich sie keinerlei Augen haben. Sie nehmen das Licht mit Hilfe der Haut wahr, die verstreut Lichtsinneszellen besitzt. Gerade dieser Hautlichtsinn ist zur Demonstration der allgemeinen Gesetze des Lichtsinnes sehr geeignet.

Lichtreflex von *Mya arenaria*.

Dieses klassische Objekt von HECHT ist besonders geeignet, um die Trennung von Sensitivierungszeit und Latenzzeit zu beweisen. *Mya* läßt sich in der kälteren Jahreszeit leicht verschicken. Die Muscheln sind am besten erst einige Tage nach dem Fang zu benutzen und zuvor an das Aquarium zu gewöhnen. Die Siphonen müssen lang ausgestreckt sein.

Methode. Das Tier wird in einem kleinen Spiegelglasaquarium in die Dunkelkammer gestellt. Davor, in etwa 50 cm Abstand, kommt eine Glühlampe, die sich in einem lichtdichten Kasten befindet, der vorn einen Compoundverschluß trägt. Der Raum wird nur durch eine rote Dunkelkammerlampe beleuchtet, die hinreicht, um die Stoppuhr abzulesen. Man belichtet durch Öffnen des Compoundverschlusses kurz, $^1/_2$—$^1/_{50}$ Sek., und beobachtet mit der Stoppuhr die Zeit, die von der Belichtung bis zum Zurückziehen der Siphos vergeht. Man findet: je kürzer die Belichtungszeit ist, desto länger ist die Latenzzeit.

Das Tier ist hervorragend geeignet, um den zeitlichen Verlauf der Dunkeladaptation zu studieren. Hierzu ist eine längere Adaptation des Tieres an das Glühlampenlicht bei völlig offenem Verschluß nötig. Hierauf wird die Muschel eine bestimmte, von Versuch zu Versuch variierte Zeit verdunkelt. Man beginnt mit ganz kurzer Verdunkelung (30 Sek., dann 2 Min., 10 Min., 30 Min.). Anschließend an die Verdunkelung erfolgt eine kurze Momentbelichtung, deren Länge in der ganzen Versuchsserie die gleiche bleibt. Gemessen wird die Latenzzeit in ihrer Abhängigkeit von der Länge der Verdunklung. Im Koordinatensystem aufgetragen ergibt sich eine hyperbolische Kurve.

Literatur: HECHT, S.: J. gen. Physiol. **1918**. — Erg. Physiol. **1932**.

Schattenreflex verschiedener Tiere.

Charakteristisch für diese sehr weit verbreitete Reaktionsart ist, daß das Tier nur auf Beschattung, nicht aber auf Belichtung anspricht. Die Reaktion auf Beschattung ist je nach der Tierart verschieden. Einziehen des Kopfes oder der Fühler (*Helix, Limnaea* usw.), Schalenschluß (*Mytilus* und andere Muscheln), Abwärtsschwimmen (*Culex*larven). Der Reflex ist wahrscheinlich auch noch bei vielen anderen Tieren nachweisbar.

Das bequemste Material ist der cirripede Krebs *Balanus*[1], der an der Nord-
see- und Beltseeküste überall häufig ist und sich leicht verschicken läßt.
Die meisten anderen Arten sind schwieriger zu behandeln, weil bei ihnen
die Reaktion gewöhnlich schon nach wenigen Versuchen ausbleibt.

Versuche mit *Balanus*.

a) Bestimmung der Empfindlichkeit. Methode: Das Tier kommt in
der Dunkelkammer in ein kleines Aquarium (etwa $10 \times 5 \times 5$ ccm). Auf
den Tisch werden in verschiedenen Abständen vom Tier zwei Glühlampen
aufgestellt. Die nähere Lampe L_1 steht z. B. 30 cm entfernt, die fernere
L_2 100 cm. Beide Lampen sollen vom Tier aus gesehen etwa in derselben
Richtung stehen, die fernere aber nicht im Schatten der näheren.

Man gibt dem Tier mindestens 5 Min. Zeit, sich an diese Lichter zu
adaptieren. Hierauf wird untersucht, ob auf Auslöschen des ferneren
die Reaktion: Einziehen der Rankenfüße und Schalenschluß eintritt oder

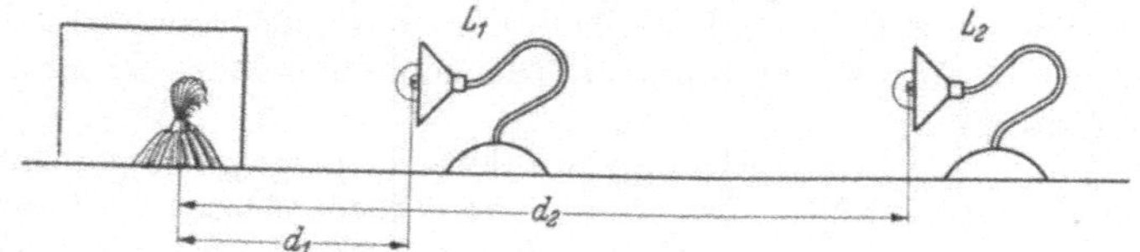

Abb. 1. Anordnung zum Studium des Schattenreflexes von *Balanus*.

nicht. Tritt die Reaktion ein, so wird das fernere Licht vom Tier etwas
weiter abgerückt, z. B. auf 120 cm. Hierauf wird mindestens 2 Min.
gewartet und L_2 zum zweiten Male ausgelöscht. Diese Versuche werden
solange wiederholt, bis man die größte Entfernung gefunden hat, die man
dem Licht L_2 geben darf, ohne daß die Reaktion verschwindet.

Berechnung. Bei Anwendung möglichst punktförmiger Lichtquellen,
also von Glühlampen mit einer nur engen Leuchtspirale, kann im Praktikum ohne allzu großen Fehler das Quadratgesetz angewandt werden:
$L_1 : L_2 = d_2^2 : d_1^2$, worin d_1 und d_2 die Entfernungen der Lampen vom
Tiere sind. Betrug die maximale Entfernung von L_2 150 cm, so verhalten
sich die Lichtstärken wie $1 : 25$. Das Tier reagiert also noch, wenn von
26 Lichteinheiten eine weggenommen wird, also auf eine Verdunkelung
von rund 4%.

b) Gültigkeit des WEBERschen Gesetzes. Für das physiologische
Praktikum genügt die alte Fassung $J_1/J_2 =$ konstant. Der wirkliche
Sachverhalt ist in den theoretischen Ausführungen zu erläutern. Zum
Beweis dieses Gesetzes wird die Empfindlichkeit des Schattenreflexes
bei verschiedenen Entfernungen des Lichtes L_1 vom Tier untersucht.
Also z. B. $L_1 = 30$ cm, 50 cm, 100 cm. Zu jeder dieser Lichtstellungen
muß die maximale Entfernung gefunden werden, die man L_2 zu geben
vermag. Der Versuch zeigt, daß $L_1 : L_2$ stets einigermaßen konstant ist.

---

[1] Bei *Balanus* ist sehr darauf zu achten, daß das Tier in dem Wasser untersucht
wird, an das es gewöhnt ist. Nicht vor dem Versuch in anderes, weil vielleicht reineres
Wasser, umsetzen!

c) Derselbe Versuch gibt auch Gelegenheit zur Erläuterung der **Dunkeladaptation** (ohne Berücksichtigung des zeitlichen Verlaufs). Je geringer L_1 ist, je geringer also die Lichtintensität ist, an welche das Tier angepaßt ist, desto schwächer kann das Licht L_2 sein, auf dessen Verlöschen das Tier noch gerade anspricht.

Mit *Balanus* können noch eine große Zahl anderer einfacher Versuche angestellt werden, von denen die folgenden wegen der theoretischen Wichtigkeit des Ergebnisses hervorgehoben seien.

d) **Abhängigkeit der Schattenempfindlichkeit von der Größe der beschatteten Fläche, d. h. von der Zahl der gereizten Sinneszellen. Anordnung.** Es werden zwei Reizlichter wie in Versuch a benutzt, aber L_2 ist keine gewöhnliche Glühlampe, sondern ein feines parallelstrahliges Bündel: Zeisssche Punktlichtlampe, deren Licht durch Vorschaltung einer geeigneten Linse parallelstrahlig gemacht wird. Durch eine Blende wird dieses Licht dicht vor der Linse bis auf einen Strahl von etwa 5 mm Durchmesser abgeblendet. Aus diesem Bündel, welches das Tier voll trifft, wird durch Vorsetzen einer zweiten kleinen Metallblende mit feinem, gebohrten Loch dicht vor dem Aquarium der eigentliche Reizstrahl übriggelassen. Variierung desselben von 1—5 mm Durchmesser. Es ist zweckmäßig, diese Anordnung während des Versuches konstant zu lassen und die Empfindlichkeit des Tieres durch Verschieben der Lampe L_1 zu prüfen. Es wird die *kleinste* Entfernung derselben vom Tier festgestellt, bei der Abblenden des feinen Lichtstrahls noch eine Reaktion gibt. Die Adaptationszeiten sind zu beachten. Nach jeder Verschiebung von L_1 mindestens 5 Min. Pause. Im ganzen ergibt sich, daß L_1 um so näher herangeschoben werden kann, je größer der Durchmesser des Lichtstrahls L_2 ist.

e) **Summation verschiedener Reizqualitäten.** (Lichtreiz + mechanischer Reiz.) Zu der üblichen Lichteranordnung L_1 und L_2, bei der L_2 ausgelöscht wird, tritt ein synchroner mechanischer Reiz. Eine genaue Dosierung desselben ist am besten zu erreichen durch ein Pendel mit Holz- oder Metallkugel, das, an einem festen Anschlage losgelassen, die Wand des Aquariums trifft. Gemessen wird die Zeit, welche das Tier nach der Reizung in der Schale verbleibt a) nur bei Lichtreiz, b) nur nach mechanischem Reiz, c) nach beiden Reizen zugleich. Diese Zeiten, die im übrigen ziemlich variabel sind, so daß Mittelwerte aus 10 Versuchen genommen werden müssen, sind in der Versuchsserie c) am größten.

f) **Reizgewöhnung** (im Gegensatz zur Ermüdung). Nachweis, daß Gewöhnung an schwache Reize sehr viel schneller eintritt als an starke. Anordnung mit zwei Lichtern wie üblich. Es wird dem Licht L_2 eine möglichst große Entfernung gegeben und jetzt in Abständen von 10 oder 5 Sek. das Tier durch Auslöschen dieses Lichtes gereizt. Die Reaktion bleibt beim soundsovielten Reize aus, mitunter sehr bald. Im Gegenversuch wird das nähere Licht L_1 ausgelöscht, die Reaktion bleibt jetzt auch nach sehr vielen, kurz aufeinanderfolgenden Reizen nicht aus.

g) **Abhängigkeit der Reizwirkung von der Reizstärke.** Als Maß für die Wirkung des Schattenreizes kann die Zeit genommen werden, die das Tier nach dem Reiz im Gehäuse verbleibt. Sie ist allerdings recht variabel; es müssen daher jedesmal 5—10 Versuche gemacht werden, von denen man den Mittelwert nimmt. Man prüft die genannte

Zeit. Man gibt den beiden Glühlampen die Entfernung 30 und 90 cm vom Tier, so daß sich ihre Lichtstärken wie 10 zu 1 verhalten und prüft die Wirkungszeit bei Auslöschen des ferneren Lichts (10% Verdunkelung) und des näheren Lichts (90% Verdunkelung).

h) Wirkung dauernder Verdunkelung. Ein Tier, das im Vorversuch sich als empfindlich erwiesen hat und schon auf geringe Verdunkelungen anspricht, wird für eine volle Stunde in gänzliche Dunkelheit gebracht. Man zündet nunmehr in seiner Nähe, etwa 50 cm entfernt, eine Glühlampe an und verlöscht sie, nachdem sie etwa 10 Sek. brannte. Das Tier reagiert gar nicht.

Literatur: v. BUDDENBROCK, W.: Untersuchungen über den Schattenreflex. Z. vergl. Physiol. **13** (1930).

Versuche über den Schatten- und Lichtreflex beim Regenwurm.

Durch Hineinspielen zentralnervöser Vorgänge sind diese Reflexe viel komplizierter als die bisher besprochenen.

1. Wirkung partieller Belichtung. Dunkelkammer. Der Wurm kommt in eine Glasröhre, die etwa seinem Durchmesser entspricht. Die Röhre wird durch zwei Löcher eines Kastens gesteckt, in dem eine rote Birne brennt. An der Vorderwand des Kastens ist eine Öffnung zur Beobachtung des Tieres. Zweitens ist in der Dunkelkammer eine weiße Lampe montiert, die eingeschaltet wird, wenn das Tier gereizt werden soll. Durch Verschiebung der Röhre hat man es in der Hand, ein beliebiges Stück des Vorder- oder Hinterendes des Wurmes zu belichten.

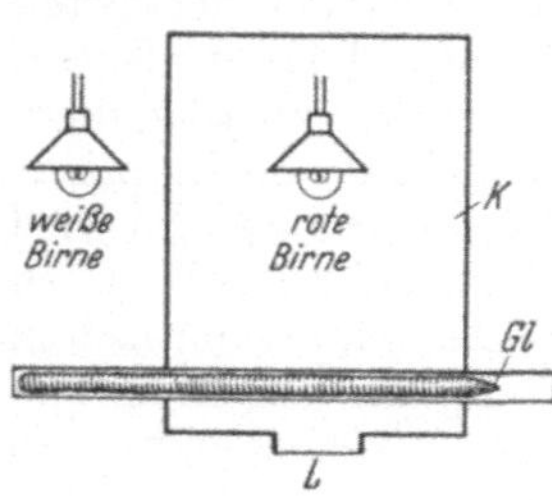

Abb. 2. Versuchsanordnung für den Belichtungsreflex des Regenwurms. *Gl* Glasrohr mit Regenwurm. *K* lichtdichter Kasten; *L* Loch zum Beobachten des Wurmes.

Man mißt mit der Stoppuhr die Reaktionszeit zwischen Belichtungsbeginn und dem Moment, in dem das Tier sich zurückzuziehen anfängt. Sie ist um so länger, je größer das belichtete Stück ist.

2. Wirkung der Beschattung des Hinterendes. Die Anordnung ist ähnlich wie bei Versuch 1, nur ist im Kasten eine weiße Lampe und es brennen anfangs beide Lampen, die Beschattung erfolgt durch Auslöschen der einen. Messung der Reaktionszeiten ergibt auch hier, daß R um so größer ist, je größer das gereizte Areal ist.

3. Nachweis verschiedener Rezeptoren für Belichtung und Beschattung. Der Wurmkörper wird von vorn und von hinten bis zur Mitte belichtet oder beschattet. Die Reaktionszeiten sind charakteristisch verschieden. Bei Belichtung ist R kleiner, wenn das Vorderende gereizt wird; bei Beschattung ist R für das Hinterende kleiner.

Literatur: UNTEUTSCH: Noch unveröffentlichte Versuche.

Phobische Reaktionen von Stentor
zugleich Nachweis des Lichtsinns bei Protozoen.

Methode. Auf den Glastisch eines Binokulars wird eine als Objektträger dienende Glasscheibe gelegt, auf deren Unterseite ein schwarzer

Papierring geklebt ist. Der äußerer Durchmesser des Ringes soll etwa 2 cm betragen, der innere etwa 1 cm. Auf den Objektträger kommt ein größerer Wassertropfen mit nicht zu wenig Stentoren. Der Tropfen muß einen Durchmesser von etwa 4 cm haben. Man läßt nun von unten durch den Spiegel des Binokulars starkes künstliches Licht einfallen. Die Stentoren schwimmen ruhig weiter, wenn sie vom Hellen in den dunklen Ring geraten, schrecken dagegen heftig zurück, wenn sie vom Ring aus ins Licht geraten. Allmählich kommt so eine Ansammlung der Tiere über dem Papierring zustande.

Literatur: HERTER, K.: Tierphysiologie. In Sammlung Göschen 1925.

2. Versuche an der Pupille.

Die im vorstehenden besprochenen allgemeinen Gesetze des Lichtsinnes lassen sich auch sehr gut an der Wirbeltierpupille demonstrieren. Als Versuchstier dient der Frosch. Um Weghüpfen zu verhindern, wird das Tier entweder durch den sog. GOLTZschen Stich großhirnlos gemacht, wodurch er die Spontanbewegungen einbüßt, oder er wird mit dem Bauch nach unten auf ein Froschkreuz gebunden. Das auf diese oder die andere Art bewegungslos gemachte Tier wird 40—60 Min. lang an weißes Licht (Lampe L_1) adaptiert. Die Beobachtung der Pupille erfolgt mit Hilfe eines Horizontalmikroskops bzw. -lupe.

a) Die Reaktionszeit verkürzt sich mit steigendem Reiz.

Nach Beendigung der Adaptationszeit wird eine zweite Lampe L_2 eingeschaltet. Man mißt mit der Stoppuhr die Zeit, die zwischen dem Reizbeginn und dem Reaktionsbeginn (Pupillenverengerung) vergeht. Sofort nach der Messung wird das Licht L_2 wieder ausgelöscht, so daß das alte Adaptationslicht wieder wirksam wird. Nach 5 Min. wird ein zweiter Versuch mit einem anderen (stärkeren oder schwächeren) Reizlicht gemacht. Je stärker man es wählt, desto kürzer ist die Reaktionszeit.

b) Der Reizerfolg steigert sich mit wachsendem Reiz.

Der Pupillendurchmesser wird nach beendigter Adaptation an das Licht L_1 gemessen — oder auf der Mattscheibe eines photographischen Apparats aufgezeichnet. Es wird hierauf L_2 eingeschaltet und die Kontraktion der Iris bis zum Stillstand beobachtet und von neuem gemessen. Nach einer Pause von 10 Min. schließen sich entsprechende Versuche mit stärkeren oder schwächeren Reizlichtern an.

c) WEBERsches Gesetz.

Die Anordnung ist ähnlich wie bei *Balanus*. Der Abstand des Lichtes L_1 vom Tier wird konstant gehalten. Man stellt denjenigen Abstand des Lichtes L_2 vom Tiere fest, bei welchem die Iris auf Anknipsen von L_2 nicht mehr mit einer Kontraktion anspricht. Diese Versuche sind bei verschiedenen Stellungen von L_1 durchzuführen. Es ergibt sich auch hier, daß das Verhältnis von $d_1 : d_2$ einigermaßen konstant bleibt.

Entsprechende Versuche lassen sich auch für die Beschattung der Pupille durchführen. Es ist in diesem Falle also zunächst an $L_1 + L_2$ zu adaptieren und hierauf L_2 auszulöschen. Bei Beschattung erweitert sich der Durchmesser der Pupille nach Ablauf der Reaktionszeit kontinuierlich, um so stärker, je stärker der Reiz war.

Literatur: v. STUDNITZ, G.: Studien zur vergleichenden Physiologie der Iris. I. Pflügers Arch. **229** (1932).

3. Phototaxis.

Die Phototaxis ist bei sehr vielen niederen Tieren verbreitet und besonders leicht bei niederen Krebsen und Insekten nachzuweisen. Jede Art hat aber ihre besonderen Eigenheiten, die erst geprüft werden müssen. Es ist ratsam, im Praktikum nicht mit ganz unbekanntem Material zu arbeiten.

Phototaxis von Daphnia magna, Daphnia pulex und anderen Arten.

Es ist darauf zu achten, daß die Versuchstiere längere Zeit, mindestens einen Tag lang in gut durchlüftetem reinem Aquariumwasser gehalten werden und zwar in nicht zu großen Mengen. Die von den Tieren selbst ausgeschiedene Kohlensäure kann gegebenenfalls den Versuch stören.

1. Reaktion und Änderung der Lichtintensität. Methode. Die Tiere kommen in ein würfelförmiges Aquarium oder in ein anderes hohes Gefäß (Akkumulatorglas usw.). Die Belichtung erfolgt durch eine Glühlampe, die oberhalb des Aquariums etwa 50 cm darüber an einem Stativ befestigt wird. Man läßt den Tieren Zeit, sich 5—10 Min. an dieses Licht zu adaptieren. Hierauf wird die Lampe plötzlich um 50—100 cm senkrecht nach oben gezogen. Der Erfolg ist, daß die Daphnien sofort lebhaft nach oben schwimmen. Nachdem sie sich an diese neuen Lichtverhältnisse adaptiert haben, führt man die Lampe schnell wieder herunter. Es erfolgt jetzt die umgekehrte Reaktion: Schwimmen nach unten.

Der Versuch kann natürlich auch mit seitlich einfallendem Licht und Wegziehen desselben gemacht werden, was technisch einfacher, aber weniger lehrreich ist, weil das Licht in der freien Natur stets von oben einfällt.

2. Erzwingung stets positiver Phototaxis. Die Daphnien können gezwungen werden, jedem Licht gegenüber positiv zu reagieren, dadurch, daß man dem Wasser Kohlensäure zuführt. Am einfachsten geschieht dies durch Eingießen von einem Schuß Selterwasser. Der Effekt: Zuschwimmen auf Licht von beliebiger Intensität und Wellenlänge tritt nicht sofort ein, sondern erst nach 1—2 Min. Der Versuch gibt Gelegenheit, auf die biologische Bedeutung der Phototaxis hinzuweisen.

Literatur: v. FRISCH, K. u. H. KUPELWIESER: Über den Einfluß der Lichtfarbe auf die phototaktischen Reaktionen niederer Krebse. Biol. Zbl. **33** (1913).

3. Verhalten einäugiger phototaktischer Tiere. Material: Insekten, Asseln, Schnecken. Den letzteren wird ein Augenfühler mit einem scharfen Scherenschlage amputiert, bei den Arthropoden erfolgt die Blendung durch Bestreichen des Auges mit einer schwarzen, rasch erstarrenden

Masse (Frankfurter Schwarz, aufgeschwemmt in flüssigem Paraffin oder Wachs oder Gelatine).

Der Versuch lehrt die Unterscheidung tropotaktischen und telotaktischen Verhaltens. Das Erste wird deutlich, wenn man das Tier in ein völlig diffuses Lichtfeld setzt:

Erforderlich hierzu ist diffuse Oberbeleuchtung; auf das Laufbrett bzw. den Tisch kommt eine weiße Trommel aus Pappe (40 cm hoch, 70 bis 100 cm Durchmesser). Das Versuchstier (Schnecke, Assel, Käfer usw.) zeigt jetzt Manegebewegung, wenn es positiv ist, nach der sehenden, wenn es negativ phototaktisch ist, nach der geblendeten Seite. Nach der Hypothese der Erregungssymmetrie geschieht dies, weil eine Asymmetrie in der Belichtung beider Augen vorhanden ist (Tropotaxis).

Gegenversuch. Das gleiche Tier wird in ein gerichtetes Lichtfeld gesetzt, bestehend in einer Glühlampe, die in 1—2 m Entfernung auf dem Tische steht; der Lichteinfall ist also einigermaßen horizontal. Die meisten Tiere: Fliegen, viele Käfer, auch Schnecken laufen jetzt trotz einseitiger Blendung einigermaßen geradlinig auf das Licht zu oder von ihm weg. Das Ergebnis kann jedoch im einzelnen je nach dem Überwiegen der telotaktischen oder der tropotaktischen Komponente verschieden sein und muß für die betreffende Art im Vorversuch geklärt werden. Asseln und Schnecken verhalten sich überwiegend tropotaktisch, Fliegen überwiegend telotaktisch.

Der Zweilichterversuch.

Dieser Versuch kann ebensogut im Kapitel Nervenphysiologie vorgenommen werden. Er sucht Klarheit darüber zu verschaffen, wie sich der Organismus unter der gleichzeitigen Wirkung zweier entgegengesetzter Reize verhält. Es sind hier zwei Fälle möglich: Entweder es werden beide Reize berücksichtigt, dies führt zur Einstellung in der Resultanten, oder es wird nur ein Reiz beachtet, während der andere im Gehirn ausgeschaltet wird. (Modus des Verhaltens der höheren Tiere und des Menschen.)

Als Material können folgende Tiere verwandt werden: Daphnien, junge neu ausgeschlüpfte Stabheuschrecken, kleine Käfer, Fliegen mit gestutzten Flügeln usw. Als Lichtquelle nimmt man am vorteilhaftesten zwei Glühlampen mit möglichst punktförmiger Flamme, zur Not genügen zwei elektrische Taschenlampen oder auch zwei Nachtkerzen.

Die Tiere werden entweder auf den Tisch gesetzt oder auf ein großes aus Sperrholz gefertigtes Laufbrett von 1—1,5 m Kantenlänge. Die Entfernung Tier—Lampe soll etwa 1 m betragen. Für die Lampen untereinander wählt man 50—70 cm. Die Kriechspur wird mit Kreide nachgezogen. Es lassen sich bei den verschiedenen Tieren die folgenden Verhaltungsweisen unterscheiden: Laufen in der Mittelsenkrechten, in parabolischer Kurve zu einem Licht, geradlinig auf ein Licht zu, Zickzackbewegung abwechselnd zum linken und zum rechten Licht.

Für die Daphnien nimmt man am besten eine große Glasschale von 30 cm Durchmesser oder größer. Die Tiere werden mit etwas Selterwasser positiviert. Zwei Taschenlampen oder zwei Nachtkerzen, deren Licht horizontal durch die Glaswand hindurchscheint, werden zunächst dicht beieinander gestellt, um die Tiere zu sammeln. Ist dies geschehen, so werden die Lichter rasch auf die andere Seite gebracht und so aufgestellt, daß sie vom Schalenmittelpunkt aus einen Winkel von 90—120⁰ miteinander bilden. Es ist gut, nur wenige und relativ große Daphnien in die Schale zu tun, denn das Einzeltier muß beobachtet werden.

Der Zweilichterversuch kann auch derart vorgenommen werden, daß man das Tier in ein Lichtfeld bringt, das aus zwei breiten Bündeln sich kreuzender paralleler Strahlen besteht. Dieselben werden am einfachsten gewonnen durch Benutzung von 2 Zeissschen Punktlichtlampen (Gleichstrom!), deren radiäres Licht durch geeignete Linsen parallelstrahlig gemacht wird.

Sind beide Lichtbündel gleich intensiv, so laufen die meisten positiv phototaktischen Tiere genau in der Mittellinie. Schwächt man das eine Licht ab, so ändert sich auch die Laufrichtung der Tiere, die sich jetzt mehr nach dem stärkeren Lichte einstellen. Man kann hieraus schließen, daß beim Facettenauge die Empfindlichkeit der Ommatidien von vorn nach hinten zunimmt.

4. Skototaxis.

Während das Tier bei der negativen Phototaxis vom Licht fortläuft, läuft es bei der Skototaxis auf dunke Stellen usw. zu. Als Material nimmt man am besten Landasseln. Der Versuch muß ebenfalls in der Dunkelkammer und zwar bei diffuser Oberbeleuchtung ausgeführt werden. Auf den Versuchstisch kommt ein weißer Pappkarton als Unterlage und eine weiße halbkreisförmige Arena aus Pappe. Durchmesser = 1 m, Höhe etwa 40 cm. An einer Stelle wird vor dieser weißen Wand ein schwarzer Karton gestellt. Tiere, die man am anderen Ende oder in der Mitte der Arena starten läßt, laufen zum großen Teil auf die dunkle Fläche zu und lassen sich umlenken, wenn man dieselbe während des Versuchs verschiebt. Es finden sich aber auch stets indifferente oder sogar positiv phototaktische Individuen, die natürlich ausgesondert werden müssen.

Literatur: v. Buddenbrock, W.: Untersuchungen über den Mechanismus der phototropen Bewegungen. Wissensch. Meeresunters. Abt. Helgoland **15** (1922). — Tropismen im Lehrbuch der allgemeinen Physiologie, herausgeg. von Gellhorn. Leipzig: Georg Thieme 1931. — Dietrich, W.: Die lokomotorischen Reaktionen der Landasseln auf Licht und Dunkelheit. Z. Zool. **138** (1931).

5. Lichtrückenreflex.

Bedeutung des Lichts für die Gleichgewichtserhaltung der Tiere. Material: Im Binnenlande sind am geeignetsten *Dytiscus*-Larven oder andere Schwimmkäferlarven, ferner *Ephemeriden*-Larven, *Asellus aquaticus, Daphnia* — viele Tiere sind auf diesen Reflex noch nicht untersucht, es wird leicht sein, neue ausfindig zu machen. — An Meeresstationen sind besonders geeignet alle Garneelen: *Crangon, Palaemon* usw.

Methodik. Das Aquarium ist so aufzustellen, daß es abwechselnd von oben und von unten beleuchtet werden kann. Man stellt es am einfachsten auf einen eisernen Dreifuß und montiert unter und über dem Aquarium je eine Glühbirne, die durch einen Wechselschalter ein- und ausgeschaltet werden. Bei plötzlicher Beleuchtung von unten werfen sich schwimmende Tiere der oben genannten Arten auf den Rücken. Bei *Daphnia,* die immer schwimmt, ist dies stets mühelos zu beobachten, die anderen Tiere müssen oft erst durch Reizung mit einem Glasstab zum Schwimmen gezwungen werden. Bei den Garneelen tritt der Effekt erst nach Entfernung beider Statocysten ein (vgl. S. 29).

Es kann ferner studiert werden, wie sich die Tiere nach Verklebung eines Auges bzw. der Augen einer Seite verhalten. Interessant ist endlich der folgende Versuch. Man läßt das Licht genau von der Seite einfallen und beobachtet die Schwimmrichtung. Die meisten Tiere versuchen so zu schwimmen, daß ihre Medianebene im Raum senkrecht steht.

Literatur: v. BUDDENBROCK, W.: Über die Orientierung der Krebse im Raum. Zool. Jb., Physiol. **34** (1914).

6. Lichtkompaßorientierung.
1. Desorientierung der Tiere im Dunkeln.

Um den Einfluß des Lichts auf die Orientierung der Tiere im Raum zu prüfen, prüft man zunächst ihr Verhalten bei völliger Dunkelheit. Als Material eignen sich besonders gut ganz kleine Käfer, die man besonders im Frühsommer sehr leicht mit dem Streifnetz erbeuten kann: Chrysomeliden, Curculioniden usw. Methodik: Erforderlich ist eine vollkommen lichtdichte Dunkelkammer. Türritzen, Schlüssellöcher usw. sind genau zu untersuchen und gegebenenfalls abzudecken. Steht keine geeignete Dunkelkammer zur Verfügung, so kann man sich auch mit einem lichtdichten Kasten von etwa 60 cm Kantenlänge begnügen, dem der Boden fehlt und dessen Unterränder mit schwarzem Stoff beklebt sind. Auf den Versuchstisch kommt eine große berußte Glasscheibe (Durchmesser mindesten 40×40 cm) auf deren Mitte das Tier gesetzt wird. Sobald es zu laufen beginnt, wird das Licht ausgelöscht, bzw. der lichtdichte Sturz über die Glasscheibe gesetzt. Der Käfer wird mindestens 2 Min. auf der Scheibe gelassen. Nach Wiederbelichtung findet man auf der Scheibe eine mäandrische Kriechspur.

Gegenversuch. Dasselbe Tier läßt man bei Tageslicht oder in der Dunkelkammer beim Scheine einer Glühbirne über die berußte Scheibe laufen; die Spur ist jetzt geradlinig.

Der obige Versuch wird wiederholt mit Tieren, die irgendwelche Verletzungen aufweisen: Verlust eines Fühlers, eines Vorderbeines usw. Solche Tiere laufen im Hellen geradeaus, im Dunkeln zeigen sie keine mäandrische Kriechspur, sondern laufen in einer Spirale, indem sie ständig nach der Seite abweichen.

2. Demonstration der Lichtkompaßorientierung.

Das Material ist das gleiche wie oben, es können aber auch sehr vorteilhaft größere Käfer benutzt werden, z. B. *Geotrupes,* auch andere Arthropoden wie *Phalangium, Porcellio* usw. sind zu gewissen Versuchen brauchbar.

Methodik. Unbedingt erforderlich zu allen Versuchen dieses Gebietes ist eine geräumige Dunkelkammer, da die Lichter mindestens 2 m vom

Tiere entfernt sein müssen. Ein quadratisches Laufbrett aus Sperrholz (Durchmesser 1—1,5 m) wird verschiebbar auf den Tisch gelegt.

1. Beibehaltung der Laufrichtung bei Drehung des Brettes. Die Belichtung erfolgt durch eine seitlich stehende Glühlampe. In den ersten Minuten sind die meisten auf das Brett gesetzten Käfer positiv phototaktisch, vermutlich solange, bis sie sich adaptiert haben. Der Versuch kann erst beginnen, wenn eines oder mehrere der Tiere deutlich quer zum Lichte laufen. Solche Individuen, die positiv phototaktisch bleiben, sind auszuschließen. Hat das ausgewählte Versuchstier eine bestimmte Richtung zu den Lichtstrahlen eingenommen, so kann man das Brett beliebig unter ihm hin und herdrehen, der Käfer hält trotzdem seine Richtung zum Lichte bei.

2. Prüfung der Genauigkeit der Orientierung. Anordnung wie bei 1., jedoch auf das Laufbrett wird ein Kompaß mit Gradeeinteilung gelegt, der abzulesen gestattet, um wieviel Grad man das Laufbrett dreht. Man vergleicht hiermit die Abweichung der Kriechspur, die man vorsichtig mit Kreide nachzieht.

Anschaulicher und genauer ist die folgende Methode. Es werden, etwa 2 m vom Tier entfernt, zwei Lampen ziemlich dicht nebeneinander gestellt, so daß sie von der Mitte des Tisches aus einen Winkel von zunächst 30° miteinander bilden. Die Lampen werden durch einen Wechselschalter bedient, es brennt also stets nur eine. Das Tier wendet sich bei jeder Umschaltung nach rechts oder nach links ab, die Kreidespur ist daher eine deutliche Zickzacklinie. Indem man die Lichter allmählich näher aneinander rückt, kann man feststellen, auf wie kleine Winkel der Käfer noch reagiert.

3. Abwechselnde Belichtung beider Augen. Die Anordnung bleibt dieselbe, nur stehen die Lampen auf beiden Seiten des Laufbretts einander gegenüber, so daß bei jeder Umschaltung das andere Auge belichtet wird. Das Tier macht jetzt bei jeder Umschaltung eine Kehrtwendung. Zu achten ist auf den Drehsinn. Der Käfer dreht sich stets so, daß er die gewohnte Stellung zum Licht auf dem kürzesten Wege wieder erreicht. Nur wenn beide Lichter mit dem Tier einen Winkel von etwa 180° bilden, ist keine Bevorzugung eines bestimmten Drehsinns zu konstatieren *(Geotrupes)*. Eine Ausnahme von dieser Regel bilden nur die Asseln, die nicht den kürzesten Weg wählen, sondern sich stets von dem neuen Lichte wegwenden.

4. Gleichzeitige Belichtung beider Augen, Zweilichterversuch. Es brennt erst nur eine Lampe. Hat das Tier zu dieser eine feste Einstellung genommen, so wird das zweite gegenüberstehende Licht, welches das andere Auge belichtet, hinzugenommen. Es erfolgt bei den Käfern und anderen Vollkerfen im allgemeinen keine Resultanteneinstellung. Entweder behält das Tier seine ursprüngliche Richtung bei, auch wenn das neue Licht wesentlich (bis 25mal) stärker ist *(Geotrupes)*; oder das Tier wählt das neue Licht zur Orientierung und vernachlässigt das alte *(Forficula)*.

5. Gedächtnis bei der Lichtkompaßorientierung. Ein Käfer (am besten wiederum *Geotrupes*), der eine bestimmte Orientierung zum Lichte gewählt hat, wird vom Laufbrett genommen und für 5—10 Min. oder auch länger in einer Schachtel ins Dunkle gesperrt. Er wird hierauf möglichst schnell in beliebiger Lage wieder auf den Tisch gesetzt. Der Versuch lehrt, daß er sofort die alte Lage zum Licht, die er sich eingeprägt hat, wieder einnimmt.

Literatur: v. Buddenbrock, W.: Beiträge zur Lichtkompaßorientierung (Menotaxis) der Arthropoden. Z. vergl. Physiol. **15** (1931). — v. Buddenbrock. W. u. E. Schulz: Beiträge zur Kenntnis der Lichtkompaßbewegung und der Adaptation des Insektenauges. Zool. Jb., Physiol. **52** (1932).

7. Optomotorische Reaktionen,

d. h. Reaktionen auf Bewegung der Umwelt des Tieres. Sie sind dem Eisenbahnnystagmus des Menschen vergleichbar und lassen sich am leichtesten auslösen durch:

Aktive Rotation der Umwelt um das sitzende Tier. Material: Eidechsen, kleine Fische, Taschenkrebse, Garneelen, viele Insekten, insbesondere Fliegen, Tagfalter u. a. Methodik. Es kommt darauf an, das Tier im Zentrum einer gemusterten Papiertrommel zu montieren, die sich um eine vertikale Achse drehen läßt. Im einzelnen kann die Anordnung sehr wechseln. Schmetterlinge (Tagfalter) werden mit einer Klammer an den geschlossenen Flügeln gehalten, die Klammer wird an einem Stativ befestigt. Ähnlich kann man mit *Carcinus* verfahren. Andere Tiere läßt man am besten frei in einer fest montierten Glasschale. Die Trommel kann auf einem Tischchen von etwa 30 cm Durchmesser montiert werden, dessen Platte auf einer von unten eingelassenen vertikalen Achse drehbar ist. Am zweckmäßigsten ist

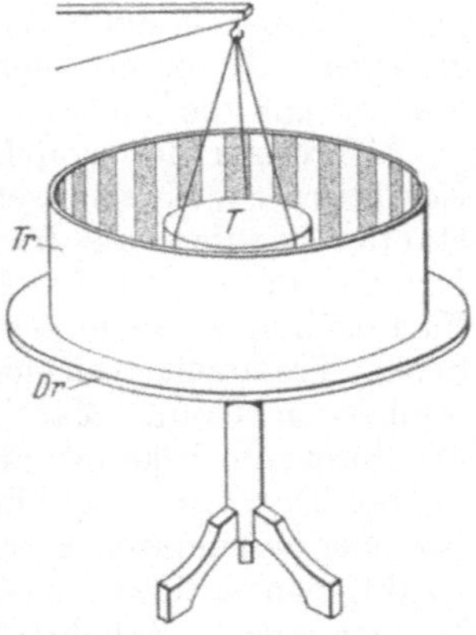

Abb. 3. Versuchsanordnung zum Nachweis der optomotorischen Reaktion. *Dr* Drehscheibe, *Tr* Papiertrommel, auf dem Tisch stehend, *T* Tierbehälter, frei aufgehängt.

die Umarbeitung eines kleinen, mit Kugellager versehenen Wagenrades, das mit senkrechter Achse, also horizontal auf einem Fuß montiert wird. Auf der festen Achse kann ein kleines Brett zur Aufstellung des Tierbehälters oder zur Montierung der Tierklammer dienen, an dem beweglichen Rade werden die optischen Marken befestigt.

Grundversuch. Die Trommel besteht aus abwechselnden schwarzen und weißen Streifen von gleicher Breite. Der Trommeldurchmesser beträgt etwa 30 cm, ihre Höhe 20 cm, die Streifenbreite 2—3 cm. Auf langsame Drehung der Trommel reagieren die Versuchstiere mit Mitbewegen der Augen *(Carcinus)*, des Kopfes (Schmetterling, Eidechse) oder mit Mitlaufen, was bei allen frei gelassenen Tieren eintreten kann.

Auf diesem Grundversuch lassen sich die weiteren Versuchsserien aufbauen. **1. Prüfung der Zahl, Größe und räumlichen Verteilung der optischen Marken,** die zur Auslösung der Reaktion erforderlich ist.

a) Zahl. Ein breiter, auf weißem Hintergrunde erscheinender schwarzer Vertikalstreifen (aus Pappe an einer Speiche des Rades befestigt) genügt, wenn er gedreht wird, nicht zur Auslösung der optomotorischen Reaktion. Beobachtet ist dies für Fliege und *Carcinus*, gilt daher wahrscheinlich allgemein. Es müssen mindestens zwei einander gegenüberstehende derartige Streifen vorhanden sein. Mit der Zahl der Streifen wächst die Deutlichkeit der Reaktion.

b) Größe der optischen Marken. Durch fortgesetzte Verschmälerung der schwarzen Streifen bei Konstanz ihrer Zahl gelangt man zu einem Grenzwert, der einen Rückschluß erlaubt auf die Sehtüchtigkeit des Auges. Die Streifen müssen hierbei mit Reißfeder und Tusche auf die weiße Trommel gezogen werden. Sie werden noch beachtet, wenn sie der Fliege *Eristalis* unter einem Winkel von 0,1⁰ erscheinen, beim Marien-käfer ist der Grenzwinkel etwa 0,8⁰.

Man kann die Streifenbreite verringern bei gleichzeitiger Vergrößerung ihrer Zahl, so daß die schwarzen und weißen Streifen untereinander stets gleich bleiben (äquidistantes Streifenmuster). Man gelangt auch hierbei zu einem Grenzwert, der bis zu einem gewissen Grade Rückschlüsse erlaubt auf die Sehschärfe oder das Auflösungsvermögen des Auges.

2. Prüfung der subjektiven Helligkeit verschiedener Pigmentfarben. Zu dieser Versuchsserie gehört eine Reihe von Papiertrommeln mit äquidi-stanten Streifen von konstanter Breite (etwa 3—4 cm). Es wechseln farbige mit grauen Streifen ab. Eine Serie enthält stets die gleichen Farbstreifen, z. B. ein bestimmtes Gelb, während die Graus der verschie-denen Trommeln verschieden sind, variierend vom hellsten bis zum dunkelsten Grau. Man nimmt sog. HERINGsche Graupapiere, deren Weißprozente bekannt sind oder im Vorversuch ermittelt werden.

Bei Durchprüfung einer derartigen Trommelserie ergibt sich, daß bei einer bestimmten Trommel oder bei zwei bis drei die optomotorischen Reaktionen aufhören oder sehr gering sind. Hieraus kann der Schluß gezogen werden, daß dem betreffenden Tiere dieses Grau bzw. diese Graus ebenso hell erscheinen wie die geprüfte Farbe. Der Versuch beweist also das Vorhandensein subjektiver für die betreffende Art charakteristischer Helligkeiten der einzelnen Farben [1].

3. Reaktion auf retinale Verschiebungen infolge der Eigenbewegungen des Tieres. Material: Libellenlarven *(Aeschna)*. Das Tier wird mit dem Rücken an einem langen Glas-stab festgeklebt, dessen andere Ende einen kurzen vertikalen Querbügel trägt. Die Enden dieses Bügels laufen in je einem Lager, so daß der Glasstab selbst um diese Vertikalachse sich in horizontaler Ebene drehen kann. Die ganze Appa-ratur kommt in eine geräumige Glasschale (etwa 30 cm Durch-

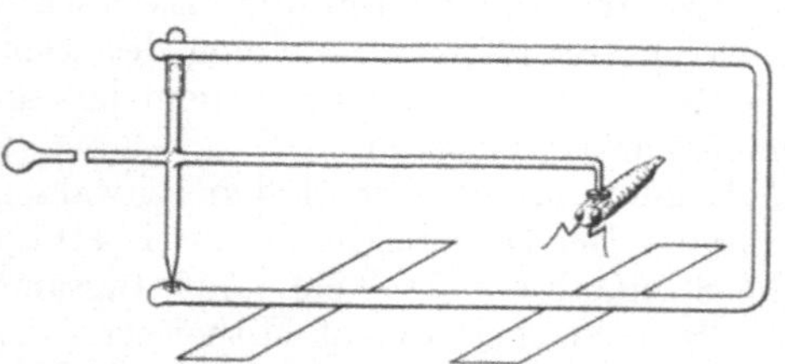

Abb. 4. Anordnung zur Demonstration der optomoto-rischen Reaktion der Libellenlarve. Nach TONNER.

messer). Durch diese Anordnung wird erreicht, daß die Larve beim Schwimmen zwangsweise einen Kreis beschreibt. Wird um die Glas-schale eine schwarzweiße Streifentrommel gesetzt, so zeigt sich, daß

---

[1] Die Tagfalter sind für diese Versuche besonders geeignet, weil ihre Fühler, die passiv die Drehungen des Kopfes mitmachen, wie Zeiger wirken, die den Aus-schlag vergrößern.

die Larve beim Schwimmen eine starke Einkrümmung nach außen zeigt. Diese Krümmung ist optischen Ursprungs, denn sie verschwindet, wenn die Trommel mit derselben Geschwindigkeit gedreht wird, in der das Tier schwimmt. Sie verwandelt sich in eine gegensinnige Krümmung nach der Innenseite, wenn die Trommel schneller gedreht wird, als die Larve schwimmt.

Literatur: v. BUDDENBROCK, W. und H. FRIEDRICH: Neue Beobachtungen über die kompensatorischen Augenbewegungen und den Farbensinn der Taschenkrebse. Z. vergl. Physiol. **19** (1933). — SCHLIEPER, C.: Über die Helligkeitsverteilung im Spektrum bei verschiedenen Insekten. Z. vergl. Physiol. **8** (1928). — TONNER, FR.: Noch unveröffentlichte Versuche.

8. Echtes Bewegungssehen.

Im Gegensatz zu den optomotorischen Reaktionen reagiert das Tier hierbei auf die Bewegung eines einzelnen Gegenstandes vor einem ruhenden Hintergrund. Als Material sind geeignet der Einsiedlerkrebs *Eupagurus*, ferner die Libellenlarven (*Aeschna*, *Libellula* usw.) sowie die Stubenfliege.

Eupagurus.

Ein einzelnes Tier wird in ein kleines Aquarium von ungefähr 20 × 10 cm Kantenlänge gesetzt. Der Boden darf nicht mit Sand bedeckt sein. Wenn sich das Tier an den neuen Aufenthalt gewöhnt hat, reizt man es, indem man am Aquarium mit einer schwarzen Pappscheibe von 5—10 cm Durchmesser vorbeifährt, die an einem dünnen Stock befestigt ist. Das Tier reagiert, indem es mit einer oder mit beiden zweiten Antennen dem bewegten Gegenstande folgt. Man kann prüfen, wie weit ein Gegenstand von bestimmter Größe entfernt sein darf, um noch beobachtet zu werden. Hat man Mikrotomschnitte zur Hand, die eine Schätzung der Winkelgröße eines Ommatidiums erlauben, so berechnet sich hieraus leicht, wie viele Ommatidien zugleich gereizt werden müssen, um die Reaktion auszulösen.

Libellenlarve.

Hungrige Tiere schnappen nach kleinen, vor ihnen hin und her bewegten Kügelchen von etwa 5—10 mm Durchmesser. (Aus Plastillin herzustellen und auf einen dünnen Draht zu spießen.) Das Tier reagiert zunächst mit scharfer Wendung des Kopfes und Hinzueilen, bei einer ganz bestimmten Entfernung schnappt es zu.

Stubenfliege.

Die allgemein bekannte Tatsache, daß Fliegen davon fliegen, wenn man die Hand auf sie zubewegt, kann auf die folgende einfache Art etwas analysiert werden. Es werden einige Fliegen unter eine Käseglocke gesperrt. Bewegungen der Hand sind jetzt ohne Wirkung. Es geht daraus hervor, daß beim Bewegungssehen der Fliege die Luftströmung hinzutreten muß, die die Hand verursacht, um die Flucht auszulösen.

Literatur: BRÖKER, H.: Untersuchungen über das Sehvermögen der Einsiedlerkrebse. Zool. Jb. **55** (1935). — GAFFRON, M.: Untersuchungen über das Bewegungssehen bei Libellenlarven, Fliegen und Fischen. Z. vergl. Physiol. **20** (1934).

9. Der binokulare Sehraum des Insektenauges.

Das Insektenauge zeigt bei Aufsicht einen zentralen schwarzen Fleck, die sog. Pseudopupille, die sich mit dem Standort des Beschauers verschiebt. Sie umfaßt diejenigen Ommatidien, in die man direkt hineinsehen kann. Die Pseudopupille erlaubt daher unmittelbar, den Gesichtskreis des Facettenauges zu bestimmen, indem man feststellt, von welchen Richtungen aus dieselbe noch erkennbar ist.

Als Material müssen hell pigmentierte Augen gewählt werden: Stabheuschrecke, Libellenlarve; diese beiden Tiere geben zugleich die Möglichkeit, die Verschiedenheit des Sehraums eines optisch sich orientierenden Räubers und eines Pflanzenfressers kennen zu lernen.

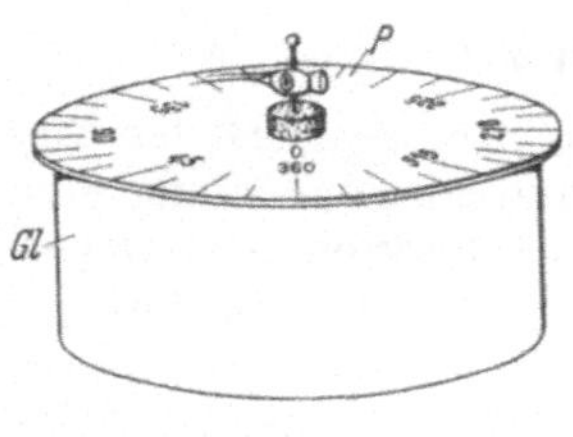

Methodik. Der Kopf des zuvor mit Äther getöteten Insekts wird abgeschnitten und entweder dorso-ventral oder von vorn nach hinten mit einer feinen Insektennadel durchbohrt. Er wird in der Mitte eines mit Gradeinteilung versehenen auf Pappe gezeichneten Kreises montiert, auf einem daselbst festgeklebten kleinen Korkstück. Den Pappkreis klebt man auf eine etwas kleinere Glasdose. Man beobachtet jetzt mit Hilfe einer horizontal gestellten Lupe, eines Horizontalmikroskops oder eines

Abb. 5. Versuchsanordnung zur Bestimmung des binokularen Sehraums eines Insekts. *Gl* Glasschale, *P* Pappscheibe mit Gradeinteilung.

ähnlichen Instruments, aus welchen Richtungen man die Pseudopupille noch gerade sieht und notiert die gefundenen Winkelgrade. Bei dorso-ventral aufgespießtem Kopf erhält man die Ausdehnung des Gesichtsfeldes von vorn nach hinten, stellt man den Kopf senkrecht, so ergibt sich die Größe des Gesichtsfeldes in dorso-ventraler Richtung. Der Vergleich lehrt, daß der binokulare Sehraum der Libellenlarve sehr viel größer ist als derjenige der Stabheuschrecke. Die Libelle untersucht man am besten unter Wasser, da die Pseudopupille unter diesen Umständen leichter zu erkennen ist.

10. Der Formensinn.

In diesem Kapitel sollen nur einige Versuche erwähnt werden, die sich im Laboratorium leicht durchführen lassen. Kompliziertere Dressurversuche, die nur im Freien auszuführen sind und längere Zeit benötigen, sind fortgelassen. Unter Formensinn ist zu verstehen die Reaktion des Tieres auf optische Strukturen.

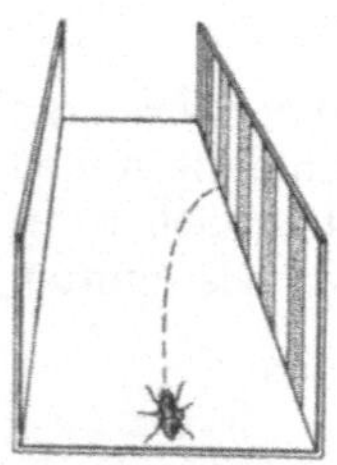

1. Material. Am besten *Eristalis tenax*, Asterfliege, im Herbst überall häufig. Der Versuch ist aber auch mit anderen Arten durchzuführen. Methodik. Eine

Abb. 6. Versuchsanordnung zur Demonstration des Formensehens verschiedener Insekten.

Laufbahn von etwa 50 cm Länge wird eingefaßt von je einem senkrecht stehenden Pappstreifen (Länge wie die Laufbahn, 50 cm, Höhe 20 cm). Die eine Pappe ist einfarbig weiß, grau oder schwarz, die andere gemustert mit äquidistanten Streifen (Streifenbreite beliebig, am günstigsten 2 cm). Ein Tier mit gestutzten Flügeln startet am einen Ende der Bahn. Festgestellt wird, ob es sich durch die Struktur der einen Einfassung ablenken läßt. Resultat: die Fliege weicht in jedem Falle nach den Streifen zu ab, gleichgültig, ob die Gegenwand weiß, grau oder schwarz ist. Es liegt also keine Phototaxis vor.

Literatur: v. BUDDENBROCK, W.: Eine neue Methode zur Untersuchung des Formensehens der Insekten. Naturwiss. 1935.

2. Bestimmung der Laufrichtung durch die optische Struktur des Untergrundes. Als Material können verschiedene Käfer benutzt werden, ferner Blattwespen, Florfliegen und andere Insekten. Am geeignetsten sind Arten, die auf Pflanzen leben, keine Erdbewohner wie *Carabus* usw.! Der Versuch gibt einen interessanten Einblick in die Physiologie der ventralen Facetten. Methodik. Das Tier läuft auf einer horizontalen Glasscheibe, die einige Zentimeter über dem Tisch montiert ist. Unter der Scheibe, auf dem Tisch liegt ein Streifenmuster von parallelen schwarz-weißen Streifen (Breite je 1 cm), das zunächst verdeckt ist. Das Tier läuft in beliebiger Richtung, nach Wegziehen des Deckpapiers, so daß die Untergrundstruktur sichtbar wird, erfolgt Einstellung und Kriechen in Richtung der Streifen. Das Tier folgt prompt jeder Drehung des Streifenmusters. Es kann geprüft werden, welcher maximale Abstand der Glasscheibe vom Tisch gegeben werden kann, ohne daß die Reaktion verschwindet. Hiermit ist der Öffnungswinkel der ventralen Ommatidien zu vergleichen.

Literatur: Wo. TISCHLER: Ein Beitrag zum Formensehen der Insekten- Zool. Jb., Physiol. **57** (1936).

11. Farbensinn.

Der Farbensinn kann als kurzfristiger Laboratoriumsversuch am leichtesten bei den Daphnien nachgewiesen werden. Ferner eignen sich hierzu die Farbdressuren verschiedener Tiere: Bienen, Fische usw. Diese Dressuren müssen aber einige Tage vor dem Praktikum durchgeführt werden. Möglich, wenn auch etwas schwierig, ist auch der Nachweis des Farbensinns auf der Grundlage der optomotorischen Reaktionen.

Daphnia.

Hierzu gehört der Vorversuch auf S. 6, durch den festgestellt wird, daß die Tiere auf Veränderung der Lichtintensität in typischer Weise reagieren. Im

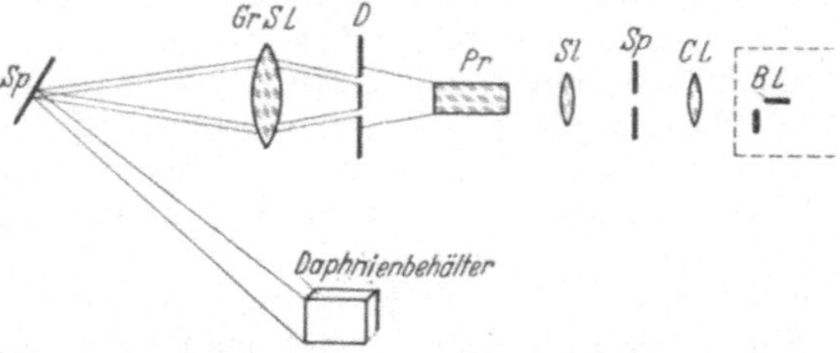

Abb. 7. Anordnung zum Nachweis des Farbensinns der Daphnien. *BL* Bogenlampe, *CL* Collimatorlinse, *Sp* Spalt, *Sl* Sammellinse, *Pr* geradsichtiges Prisma, *D* Doppelspalt, *GrSL* große Sammellinse, *Sp* Spiegel, *D* Daphnienbehälter. Nach KOEHLER.

Hauptversuch wird die Lichtintensität dadurch verändert, daß aus dem weißen Licht, am besten einer Bogenlampe, durch ein geeignetes Prisma und Doppelspalt nach Bedarf die langwelligen oder die kurzwelligen Bereiche herausgebrochen werden. Hierdurch wird in jedem Falle eine Abschwächung des ursprünglichen Lichtes erreicht. Die charakteristische Reaktion auf Abschwächung: Zuschwimmen auf das Licht hin, zeigen

die Tiere aber nur im langwelligen Spektralbezirk. Im kurzwelligen
schwimmen sie dagegen vom Lichte weg. Mit dieser Gegenüberstellung
ist in der einfachsten Form bewiesen, daß die Daphnien den rot-gelben
und den blauvioletten Teil des Spektrums unterscheiden.

Man kann auch so vorgehen, daß man zum weißen Licht, an welches
die Tiere adaptiert sind, rotgelbes bzw. blauviolettes Licht hinzugibt.
Auch in diesem Falle findet man Zuschwimmen im ersten Falle, obgleich
ein Lichtvermehrung eingetreten ist, und Wegschwimmen im zweiten
Falle. Die technischen Vorkehrungen können im einzelnen sehr verschieden getroffen werden.

Literatur: KOEHLER, O.: Über das Farbensehen von *Daphnia magna*. Z. vergl.
Physiol. 1. H. 1/2.

Farbdressuren der Bienen.

Die Dressur ist am einfachsten im Freien in der Nähe eines Bienenstocks auszuführen. Es genügt hierzu, die Bienen einige Tage vorher mit
Honigwasser zu füttern, das in Glasschälchen, die auf Papier der Dressurfarbe stehen, geboten wird. Am geeignetsten ist helleres Blau oder Gelb.
Neben den Honigschälchen können leere oder nur mit Wasser gefüllte
aufgestellt werden, die auf einer anderen Farbe — oder Gegenfarbe —
stehen. Im Hauptversuch bedient man sich eines Schachbretts von
36 Feldern, zusammengesetzt aus quadratischen Weiß- und Graupapieren
sehr verschiedener Helligkeiten. Zwischen allen diesen Graufeldern
befindet sich ein einziges Quadrat von der Dressurfarbe. Die ganze
Anordnung ist zur Vermeidung geruchlicher Fehlerquellen mit einer
Glasscheibe zu bedecken. Auf die einzelnen Quadrate werden Futter-
schälchen gestellt, die aber sämtlich leer sind. Die Bienen sammeln sich
nur auf dem Quadrat, welches die Dressurfarbe trägt. Verschiebt man
es unter dem Glase mit Hilfe einer langen Pinzette, so löst sich die alte
Ansammlung auf, und es bildet sich am neuen Ort der Dressurfarbe eine
zweite aus.

Die Dressur kann bei günstiger Nähe eines Bienenstocks auch in der
Dunkelkammer durchgeführt werden, wenn es gelingt, die Bienen durch
ein kleines, nur wenig geöffnetes Fenster hineinzulocken. Der Vorteil
besteht in der Möglichkeit, die Tiere auf reine Spektralfarben zu dressieren
mit Hilfe von Bogenlampe und Prisma. Das Spektrum wird auf den
Tisch projiziert und es wird nach Abdeckung aller übrigen Farben auf
der Dressurfarbe in einem weißen Verbrennungsschiffchen Honigwasser
geboten. Die Dressur kann unter diesen Umständen schon nach einer
Stunde beendet sein. Bietet man jetzt den Bienen ein unverhülltes
Spektrum in ganzer Breite, so sammeln sie sich nur in der Spektralfarbe
und den ihrem Sehvermögen nach zur gleichen Farbe gehörigen Nach-
barbezirken.

Literatur: v. FRISCH, K.: Über den Farbensinn und Formensinn der Biene.
Zool. Jb., Physiol. **35** (1915). — KÜHN, A. u. POHL, R.: Dressurfähigkeit der Bienen
auf Spektrallinien. Naturwissensch. 1921.

Nachweis des farbigen Simultankontrastes bei der Biene.

Tiere, die auf Blau dressiert sind, werden in der geschilderten Quadrat-
anordnung graue Ringe angeboten (äußerer Durchmesser = 6, innerer

Durchmesser 1,5 cm), die auf verschieden grauem Untergrunde ruhen. Zwischen ihnen befindet sich ein Ring, der auf Gelb ruht. Diesen Ring fliegen die Bienen an, da er ihnen durch Simultankontrast blau erscheint.

Literatur: KÜHN, A.: Nachweis des simultanen Farbkontrastes bei Insekten. Naturwiss. **1921**.

Farbdressur von Fischen.

Das bewährteste Tier ist die Elritze, der Versuch gelingt jedoch auch mit anderen Arten. Die Tiere werden 8—14 Tage lang bei gleichzeitiger Darbietung der Dressurfarbe gefüttert. Zum Füttern bedient man sich eines Drahtes, an dessen Ende eine Metallscheibe von etwa 20 mm Durchmesser angelötet ist. Im Mittelpunkt der Scheibe ist ein kleiner Haken angelötet, an dem das Futter aufgespießt wird. Die Scheibe wird mit der wasserfesten Dressurfarbe bestrichen. Ein zweiter derartiger Futterhalter, dessen Scheibe aber mit der — am besten komplementären — Gegenfarbe bestrichen ist, wird den Tieren öfters ohne Futter gezeigt. Wenn die Dressur gelungen ist, kommen die Fische auf die Scheibe mit der Dressurscheibe auch ohne Futter eifrigst zugeschwommen, während die Gegenscheibe keine Beachtung findet.

Abb. 8. Futterhalter zur Farbdressur von Fischen.

Literatur: v. FRISCH, K.: Zool. Jb., Physiol. **34** (1912 und 1913). — Verh. dtsch. zool. Ges. 1924 und 1925.

Aus der Lehre vom Lichtsinn der Wirbeltiere seien nur einige Versuche ausgewählt, die sich auf die Retina, die Iris und die Akkommodation beziehen.

12. Versuche an der Wirbeltierretina.
Die Ausbleichung des Sehpurpurs.

Am geeignetsten sind die recht großen Augen der Fische (Dorsch); wenn dieses Material nicht verfügbar ist, kann man sich mit dem Frosche begnügen. Ein Frosch wird mindestens 3—4 Stunden lang dunkeladaptiert, hierauf durch Schlag getötet und das Auge enukleiert. Das Herauspräparieren der Retina, das bei schwachem roten Licht geschieht, wird wie folgt ausgeführt: Die Iris wird, nicht zu nahe am Irisrand, rundum ausgeschnitten, die Linse entfernt, die hintere Augenhälfte in Ringerlösung gebracht und die Retina mit einer Lancettnadel völlig vom Pigmentepithel abgelöst, der Opticuseintritt wird mit einer Augenschere zwischen Retina und Pigmentepithel durchschnitten. Jetzt wird die Retina herausgenommen und mit einem Tropfen Ringer in ein Porzellannäpfchen getan. Bringt man das Präparat jetzt aus dem Dunkeln ins Tageslicht, so zeigt die Retina zunächst eine blaßrote Färbung, die aber bald über Gelb (Sehgelb) ins Farblose übergeht.

Die Phosphorsäurebildung in der Retina bei Belichtung.

Als Material können verschiedene Tiere genommen werden: Frosch, Schildkröte, verschiedene Fische mit gemischten Netzhäuten (z. B. Goldfisch [*Carassius auratus*], Goldorfe [*Idus melanotus*], Dorsch [*Gadus morrhua*], Rotfeder [*Scardinius erythrocephalus*]). Die Präparation der dunkeladaptierten Retina erfolgt wie oben. Die Retina wird bei schwachem roten Licht in einen Tropfen wässerige schwach alkalische oder neutrale Bromthymolblaulösung gebracht (Farbe blau). Die Indikatorfarbe ändert sich durch den Einfluß der Retina nicht, solange das Präparat im Dunkeln oder bei rotem Licht bleibt. Im Tageslicht dagegen (Umschütteln!) schlägt die Indikatorfarbe über Grün in Gelb um (sauer). Der Effekt ist zunächst dort bemerkbar, wo der Indikator die Retina direkt umgibt. Das Umschlagen kann längere Zeit beanspruchen. Der Indikator darf nicht in zu großer Menge der Retina geboten werden. Die Phosphorsäurebildung ist an die Existenz der Zapfen gebunden (Zerfall der Zapfensubstanz); der Effekt tritt daher bei reinen Stäbchennetzhäuten (Meerschweinchen, Katze) nicht ein.

Literatur: v. STUDNITZ, G.: Über die Lichtabsorption der Retina und die photosensiblen Substanzen der Stäbchen und Zapfen. Pflügers Arch. **230** (1932).

Demonstration der Ölkugeln in der Sauropsidenretina.

Als Material kann eine beliebige Schildkröte oder ein größerer Vogel (Huhn) genommen werden. Die Präparation der Netzhaut geschieht wie oben, braucht aber nicht im Dunkeln vorgenommen zu werden. Die Retina wird auf dem Objektträger ausgebreitet, unter ein Deckglas gebracht und im Mikroskop betrachtet. Das Präparat hält sich mehrere Stunden.

Demonstration der Pigment-, Zapfen- und Stäbchenwanderung in der Netzhaut der Knochenfische.

Die Augen gut dunkeladaptierter Fische (5—6 Stunden) und gut helladaptierter (3—4 Stunden) werden nach Herausnahme in ZENKER fixiert. Als Arten eignen sich die oben genannten, außerdem *Phoxinus laevis, Abramis brama* und andere.

Als Schnittfärbung ist Hämatoxylin und Eosin zu empfehlen. Die Schnitte werden im Mikroskop demonstriert.

Demonstration des Netzhautbildes am frischen Auge.

Einem größeren Auge (Ochsen- oder Schweinsauge vom Schlachthof, Dorschauge) wird vorsichtig aus der hinteren Augenwand ein Fenster geschnitten und der Augapfel mit der Cornea nach unten unter Wasser in einem Schälchen unter das Mikroskop oder Binokular gebracht. Der Glaskörper darf nicht auslaufen! Ein Gegenstand (Fensterkreuz usw.), dessen Bild man durch den Mikroskopspiegel im Auge auffängt, erscheint auf der freipräparierten Rückseite des Glaskörpers umgekehrt und stark verkleinert.

13. Die Akkommodation des Schildkrötenauges.

Einer Schildkröte *(Testudo)* wird nach Tötung ein Auge enukleiert. Die vordere Bulbushälfte mit vollständiger Iris und Linse wird durch einen Kreisschnitt abgelöst und in einen Korkring gebracht, der auf eine Glasplatte von 9×12 cm geklebt und mit zwei Elektroden versehen ist.

Das Präparat wird mit etwas Ringer feucht gehalten und die Elektroden an die Iris gelegt. Man betrachtet jetzt das Präparat unter dem Mikroskop und stellt mit Hilfe des Spiegels auf irgendeinen leicht erkennbaren Gegenstand (Fensterkreuz) scharf ein. Reizt man jetzt faradisch, so wird das Bild unscharf infolge der akkommodativen Formänderung der Linse. Um eine neuerliche Scharfeinstellung zu erreichen, muß man die Mikrometerschraube erheblich verstellen.

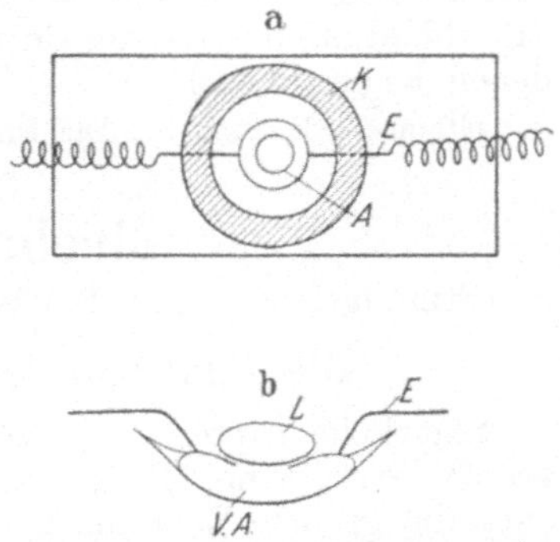

14. Automatie der Frosch- oder Aaliris.

Mehrere Stunden lang dunkeladaptierte Frösche oder Aale werden bei rotem Licht getötet und die Augenbulbi herausgenommen. Durch einen Kreisschnitt wird die Iris herausgeschnitten und der vordere Augenteil, eventuell mit Linse und Cornea, so daß die Cornea nach oben gerichtet ist, im Schälchen unter das Mikroskop gebracht. Der Pupillendurchmesser wird bei rotem Licht mit dem Okularmikrometer gemessen. Belichtet man das Präparat jetzt von der Corneaseite her mit starkem weißen Licht, so kontrahiert sich die Iris gut sichtbar. Belichtung der unteren Seite hat keinen Effekt.

Abb. 9. Anordnung zur Beobachtung der Akkommodation des Schildkrötenauges. *A* Auge, *K* Korkring, *E* Elektrode, *L* Linse, *VA* vordere Augenhälfte.

Literatur: v. STUDNITZ, G.: Beiträge zur Adaptation der Teleosteer. Z. vergl. Physiol. 18 (1932).

15. Strahlengang im Superpositionsauge des Leuchtkäfers (*Lampyris*).

Einem frisch getöteten Leuchtkäfer wird das halbkugelig vortretende Auge mit einem scharfen Messer vorsichtig abgetrennt, in ein Uhrschälchen gelegt und möglichst gut von innen mit einem feinen Pinsel von Pigment gereinigt. Hierauf wird auf ein Deckgläschen ein Tropfen verdünnten Glycerins vom Brechungsindex 1,346 gebracht, den das Käferblut besitzt, und das Auge mit der konkaven Innenseite dem Tropfen aufgelegt, während die konvexe Außenfläche in Luft bleibt. Das Deckglas wird nun mit dem Präparat nach unten auf einen Objektträger gelegt, der im Zentrum ein Loch von 1 cm Durchmesser hat. Mit dieser Anordnung sind die tatsächlichen Verhältnisse beim Sehakt des Käfers möglichst nachgeahmt. Mit Hilfe des Mikroskopspiegels wird jetzt das Bild eines kleinen leuchtenden Punktes in das Auge geworfen.

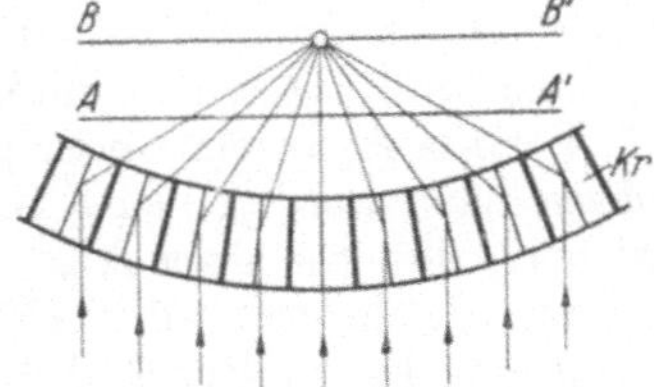

Abb. 10. Strahlengang im *Lampyris*-Auge nach EXNER. *Str* Strahlen, die von einem entfernteren Objekt (Kerze) mit Hilfe des Mikroskopspiegels ins Auge geworfen werden, *Kr* Krystallkegel. Bei Einstellung des Mikroskops auf die Ebene *AA'* sieht man viele leuchtende Punkte, bei Einstellung auf *BB'* nur einen.

Bei tieferer Einstellung erhält man eine große Zahl einzelner Lichtpunkte. Bei höherer Einstellung entsprechend der Ebene D—D′ vereinigen sich die meisten zu einem zentralen helleren Fleck. Es ist dies die Abbildung des Lichtes durch die gemeinsame Tätigkeit der verschiedenen Krystallkegel.

Literatur: EXNER, S.: Die Physiologie der facettierten Augen. Leipzig 1891.

Mechanischer Sinn.
(Stimulationsorgane, Statische Organe, Gehörsinn, Thigmotaxis.)
Die Funktion der Halteren der Dipteren.

Sämtliche Dipteren besitzen an Stelle der Hinterflügel die sog. Halteren oder Schwingkölbchen. Am geeignetsten zum Studium dieser Organe sind die großen Nematoceren (*Tipula* und Verwandte), bei denen die Halteren ganz frei sind. Es können jedoch auch große Fliegen aus anderen Gruppen genommen werden.

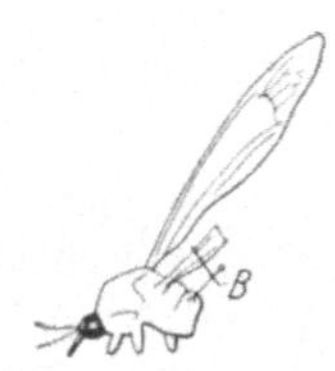

Abb. 11. *Tipula*, Kopf und Thorax in Seitenansicht. *B* Borste, quer über den gestutzten Flügel und die Haltere geklebt.

Versuch 1. Beobachtung der Synchronität von Flügel und Haltere: Eine große *Tipula* wird mit einem Tröpfchen eines schnell erhärtenden Leims (Syndetikon, erwärmt) oder einem geeigneten Klebwachs mit der Dorsalseite des Thorax am Ende eines Drahtes, an das eine ganz kleine Querplatte angelötet ist, festgeklebt. Der Draht kann ins Stativ gespannt und das Tier in jeder Lage leicht beobachtet werden.

Der eine Flügel wird bis auf einen 6—8 mm langen Stummel abgeschnitten. Ein kurzes Stück einer feinen Borste oder eines etwas stärkeren Haares wird mit Syndetikon bestrichen und quer über den Flügelstummel und die Haltere gelegt. Es muß an beide festkleben. Ist dies geschehen, so beobachtet man, wenn das Insekt schwirrt, daß das Haar parallel zu sich selbst hin und herschwingt. Haltere und Flügel sind also im selben Moment oben und im selben Moment unten, sie schwingen also synchron. Schneidet man jetzt den zweiten Flügel ab, so ändert sich die Frequenz des Flügelschlages und die Synchronität zwischen Haltere und Flügel geht verloren.

Versuch 2. Irgendeinem größeren Dipter: *Tipula, Calliphora, Sarcophaga* usw. werden beide Halteren an der Wurzel ausgerissen. Es ist wichtig, daß die dreieckige Halterenbasis, an welcher die Sinneszellen sitzen, mit entfernt wird. Das Tier vermag nicht mehr vom Boden hochzufliegen. In der Regel überschlägt es sich über den Kopf. In die Höhe geworfen, fliegt es in steilem Gleitfluge nach unten. Am Schußkymograph (vgl. S. 98) zeigt es sich, daß die Frequenz des Flügelschlages gesunken ist. Entfernung nur einer Haltere hat nicht entfernt den gleichen Erfolg, das Tier bleibt beschränkt flugfähig, es treten keine Gleichgewichtsstörungen und keine Zirkusbahnen usw. auf, die Halteren dienen also nicht als „Balancierstangen".

Versuch 3. Einer *Tipula* werden die beiden kolbigen Enden der Halteren mit Syndetikon oder einem anderen Klebemittel am Leibe festgeklebt. Das Tier verhält sich hinsichtlich seines Flugvermögens genau so wie das halterenlose. Die Haltere muß also, um funktionieren zu können, sich bewegen.

Versuch 4. Dieser Versuch ist nur mit der großen Fleischfliege *Carnaria sarcophaga* auszuführen. Einem solchen Tier werden zunächst alle 6 Beine am besten im Femur-Trochantergelenk abgeschnitten. Die Fliege vermag in die Höhe geworfen noch genau so gut zu fliegen wie normal. Es werden ihr jetzt die Halteren entfernt. Nach dieser Operation ist nicht nur das Flugvermögen, sondern auch die Beweglichkeit der Flügel fast ganz verschwunden.

Literatur: v. BUDDENBROCK, W.: Die vermutliche Lösung der Halterenfrage. Pflügers Arch. **175** (1919).

Der Zusammenhang von Schwirren und Tarsenberührung bei Musca.

Eine größere Fliege wird dorsal am Thorax an einem „Haltestab" befestigt. Es geschieht dies in derselben Weise, wie es soeben von *Tipula* beschrieben wurde. Man tut gut, den Haltestab an der Bunsenflamme zu erwärmen und dann in ein Gefäß mit Klebwachs zu tauchen; vielfach genügt der anhängende Tropfen Wachs schon zur Befestigung, wenn nicht, muß weiteres Wachs dazu getropft werden. Das Tier beginnt alsbald zu schwirren, wenn man es an dem Stab frei in der Luft hält. Das Schwirren erlischt, sobald den Tarsen eine Berührungsfläche geboten wird, z. B. der Fliege ein — nicht zu großes! — Papierkügelchen zwischen die Beine gegeben wird. Das Tier macht dann Laufbewegungen mit den Beinen, wodurch es die Papierkugel ständig dreht, rollt.

Literatur: FRAENKEL, G.: Z. vergl. Physiol. **16** (1932).

Der Umdrehreflex von Asterias, Raupen und Tricladen.

Die Seesterne und *Tricladen* werden unter Wasser, die Raupen trocken in einer Glasschale auf den Rücken gelegt und der Umdrehreflex beobachtet. Die Auslösung desselben beruht nicht auf der Berührung der Dorsalseite mit dem Boden oder auf einem statischen Sinn, sondern auf der fehlenden Berührung der Ventralseite bzw. der Füßchen (*Tricladen* kriechen auch an der Wasseroberfläche, Raupen „rückenunter" an Zweigen!). Der Beweis hierfür wird geführt, indem man die Ventralseite des auf den Rücken gelegten Tieres mit einer Glasscheibe, einem Stückchen Fließpapier oder einem Stengel lose berührt; der Umdrehreflex bleibt dann aus. Beim Seestern kann der Umdrehreflex in der folgenden Weise etwas näher analysiert werden. Man durchsticht das Tier vom Munde aus in der Richtung der kurzen Hauptachse des Körpers mit einer Nadel, am besten mit einer solchen, die einen dicken Glasknopf trägt und hängt das Tier an dieser Nadel frei schwebend im Wasser auf. Das Tier reagiert auf diese Lage, die zur Schwerkraft normal ist, und bei der nur die normalen Berührungsreize der Füßchen fehlen, mit einer Dorsalkrümmung der Armspitzen. Wird die gleiche Bewegung ausgeführt, wenn der Seestern auf den Rücken gefallen ist, so berühren die Füßchen der Armspitzen den Boden und die Umkehrung kann beginnen.

Thigmotaxis bei Paramaecium und anderen Infusorien.

In einer kleinen, mit Wasser gefüllten Petrischale befinden sich *Paramaecien*; man legt ein Glasstäbchen auf den Boden der Schale und beobachtet die *Paramaecien* in der Nähe des Glasstabes unter dem Binokular. Man bemerkt eine vollkommen regellose Verteilung, der Glasstab wirkt weder anziehend noch abstoßend. Macht man das Wasser stark CO_2-haltig, am besten durch Zusatz von etwas Selterwasser zum Medium, so sammeln sich die Ciliaten in auffälliger Weise an dem Glasstab an; sie sind positiv thigmotaktisch geworden.

Literatur: HERTER, K.: Tierphysiologie. In Sammlung Göschen. Berlin 1925.

Aufhebung der Statoreflexe durch die Thigmotaxis bei Astacus.

Ein Flußkrebs wird dorsal am Thorax mittels Siegellack an einem Glasstab befestigt. Wird das Tier schief ins Wasser gehalten, so führen die Thorakalbeine der tieferliegenden Seite Ruderbewegungen aus, die ein Wiederaufrichten des Körpers anstreben, während die Beine der anderen Seite, speziell die Schere, sich so einstellen, daß sich ihr Schwerpunkt möglichst der Mittellinie nähert (vgl. S. 29). Bringt man jetzt die Beine der höhergelegenen Seite mit einer festen Unterlage, z. B. der Aquariumswand in Berührung, so führen diese nunmehr Bewegungen aus, die das Tier bei freier Beweglichkeit mit der Ventralseite mit der Unterlage in Berührung bringen würde.

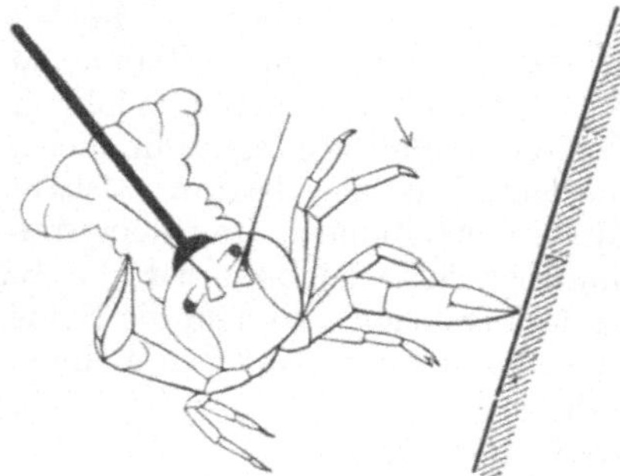

Abb. 12. Flußkrebs, *Thigmotaxis*.

Literatur: KÜHN, A.: Die Orientierung der Tiere im Raum. Jena 1919.

Fallreflexe.

Eine große Zahl niederer Tiere hat die Eigentümlichkeit, sich während des freien Falls in der Luft so umzudrehen, daß sie in Bauchlage zur Erde kommen.

Material. *Dixippus*, Heuschrecken, Nachtschmetterlinge, Ohrwürmer, *Phalangiden* usw. Sehr viele Tiere sind auf diese Reflexe hin noch nicht untersucht worden.

1. Der Grundversuch besteht darin, daß man die Tiere auf einem Brett kriechen läßt, das man etwa $1/_2$ m über den Tisch hält; man dreht dann das Brett so um, daß das Versuchstier mit dem Rücken nach unten gerichtet ist und bringt es durch einen leichten Schlag auf das Brett zum Herabfallen. Man stellt fest, in wievielen von 10 derartigen Versuchen das Tier „richtig" unten ankommt.

2. Zur Analyse dieser Erscheinung wird eine Stabheuschrecke mit dem Rücken an einem dünnen Stäbchen festgeklebt, so daß man

sie frei in der Luft halten kann. Man beobachtet, daß das Tier sehr bald die sog. „Flughaltung" einnimmt. Dabei wird der Leib dorsal durchgebogen, ein „hohler Rücken" gemacht, während die Beine seitlich abgespreizt werden. Diese Haltung wird längere Zeit hindurch eingenommen, sie verschwindet jedoch, sobald man den Füßen des Tieres irgendeinen Halt gibt. Sie beruht daher auf dem Fortfall der üblichen mechanischen Reize auf die Tarsen. Die Raumlage übt dagegen keinen Einfluß auf die Stellung des Tieres aus.

3. Der Windreflex. Das fallende Tier ist stets einem gewissen Luftzuge ausgesetzt. Dessen Wirkung erkennt man, indem man das an einem Stab und weiterhin an einem Stativ befestigte Tier anhaucht oder auf irgendeine andere Art einen künstlichen Wind erzeugt. Der Erfolg der Reizung ist der, daß die Flughaltung noch schärfer zum Ausdruck kommt: Dorsalbiegen der Beine, hauptsächlich in den Hüftgelenken, Drehung der Fühler nach hinten, Dorsalwärtskrümmung des Abdomens.

Durchaus entsprechende Versuche lassen sich mit kleinen Laubheuschrecken *(Meconema varians)* anstellen; besonders der Windreflex ist bei diesen Tieren sehr ausgeprägt.

Literatur: v. BUDDENBROCK, W. u. H. FRIEDRICH: Über Fallreflexe von Arthropoden. Zool. Jb., Physiol. **52** (1932).

Der homostrophische Reflex.

Der homostrophische Reflex beweist bei wurmartigen Tieren, Anneliden, Myriapoden die gegenseitige Beeinflussung beider Körperseiten, der sie letzten Endes wohl ihre im allgemeinen gestreckte Haltung verdanken.

Material. *Julus.* Versuchsanordnung: Von einem quadratischen (etwa 5×5 cm) Stück nicht zu schwachen Kartons wird mit einem viertelkreisförmigem Schnitt eine Ecke abgeschnitten. Die beiden jetzt vorhandenen Kartonstückchen werden in einer kleinen, mit Wachs ausgegossenen Schale mittels Stecknadeln am Boden festgesteckt, und zwar derart, daß die Schnittflächen an dem Kartonhauptteil und der abgeschnittenen Ecke nicht unmittelbar aneinanderliegen, sondern daß sie einen Zwischenraum, der etwa der Breite des zu dem Versuch

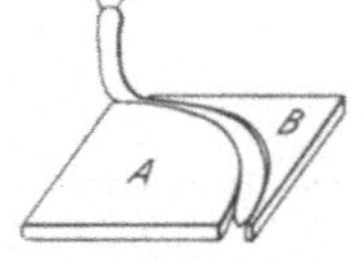

Abb. 13. Homostrophischer Reflex von *Julus*. *A* und *B* zwei Stücke Sperrholz, die mit der Laubsäge aus einem Stück durch einen halbkreisförmigen Schnitt gefertigt wurden. Zwischen ihnen das Tier.

benutzten Tieres entsprechen soll, zwischen sich lassen. Es ist so ein viertelkreisförmiger Laufgang zwischen den beiden Pappstücken gebildet. Man läßt nun einen *Julus* in den Gang und durch diesen hindurchkriechen, wobei er notgedrungenermaßen nach rechts oder links eingekrümmt läuft. Kommt das Vorderende aus dem Gang heraus, so biegt es sofort nach der der Krümmung entgegengesetzten Seite ab.

Der homostrophische Reflex ist noch bei einer Reihe anderer Tiere nachweisbar, so wurde er z. B. auch von *Lumbricus* beschrieben. Wir haben die Reaktion an unseren hiesigen Tieren jedoch nicht in befriedigender Weise auslösen können.

Literatur: CROZIER, W. J.: Homostrophic reflex and stereotropism in Diplopods. J. gen. Physiol. **1923**.

Nachweis des Gehörsinns bei Rana.

Material. *Rana temporaria* oder *esculenta*.

a) Ein normales Tier wird mit dem Rücken auf ein Froschkreuz gebunden und seine Atembewegungen (Kehloszillationen) pro Minute gezählt. Man läßt dann eine elektrische Klingel (elektrische Klingel, 2 oder 4 Volt-Akku, Stromschlüssel, Drähte) ertönen und stellt abermals die Frequenz der Kehloszillationen fest. Bei genügender Tonstärke hat sich die Zahl nicht unwesentlich verändert, entweder vergrößert oder verkleinert.

b) Man bindet den Frosch mittels eines passenden, mit entsprechenden Ausschnitten für Beine, Kopf und Becken versehenem Stückchen Stoff auf ein nach hinten zu spitz verlaufendes Brettchen, derart, daß zu beiden Seiten des Brettchens seine Schenkel herabhängen. Das Brettchen wird in horizontaler Lage an einem Stativ befestigt. Außerdem trägt das Stativ eine senkrecht gestellte Skala, vor der die von dem Brett herabhängenden Beine des Frosches (bzw. nur ein

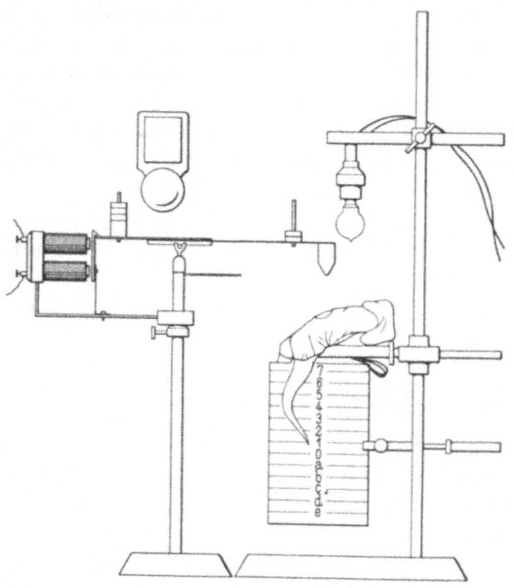

Abb. 14. Apparat zur Prüfung des Gehörsinnes des Frosches nach JOHANNES, s. Text.

Bein, wenn die Skala zwischen beide Hinterextremitäten eingestellt wird) hängen und auf der ihre jeweilige Länge, Zuckungshöhe usw. abgelesen werden kann. Durch den Ausschnitt des Stoffes am Becken kann ein elektrisch auslösbarer und nach Fallhöhe und Gewichten verstellbarer kleiner Gummihammer auf die Beckenhaut fallen gelassen werden und so an dieser Stelle einen mechanischen Reiz auslösen. Der Gummihammer mit Auslösevorrichtung, Spulen usw. ist an einem besonderen Stativ angebracht, das in die entsprechende Entfernung zum ersten gestellt wird. In etwa 40 cm Entfernung von diesen beiden Stativen befindet sich eine elektrische Klingel, die ihrerseits durch getrennten Kontakt zum Läuten gebracht werden kann. — Während des Versuchs ist auf größte Ruhe, Fernhalten jeglicher Geräusche und Erschütterungen zu achten. Durch Abschirmung mittels schwarzen Papiers wird dem Tier die Sicht nach anderen Gegenständen genommen.

Reizt man das Tier durch einen Schlag mit dem Hammer, so tritt ein Zucken und Anziehen der Beine auf. Die Zuckungshöhe wird an der

Skala registriert. Hat man 1 oder 2 Sek. vor dem Hautreiz die Klingel ertönen lassen, oder tut man dies gleichzeitig mit der Hautreizung, so ist die Zuckung wesentlich stärker, ausgiebiger, die Zuckungshöhe größer. Hautreiz und Schallreiz summieren sich also. Reizt man ausschließlich akustisch, läßt also nur die Klingel ertönen, ohne einen Hautreiz zu setzen, so erfolgt gar keine Reaktion.

Literatur: YERKES, R. M.: The sense of hearing in frogs. J. comp. Neur. **15** (1905). — JOHANNES, TH.: Zur „Funktion des sensiblen Thalamus". Pflügers Arch. **224**, H. 3/4 (1930).

Statoreflexe.

1. Positive und negative Geotaxis.

Zu unterscheiden ist das Verhalten von Tieren, die Statocysten besitzen und von solchen, die keine besonderen Schweresinnesorgane haben.

a) Tiere mit Statocysten. *Negative Geotaxis.* Die Arten der Gattung *Helix* werden negativ geotaktisch, wenn sie unter Wasser geraten.

Versuchsanordnung. Erforderlich sind ein rechteckiges Aquarium mit Süßwasser und eine Unterwasserschaukel aus Holz, bestehend aus einem Brett, das um eine horizontale Achse drehbar ist, so daß verschiedene Schräglagen eingestellt werden können. Der Fuß der Schaukel muß mit einer Bleiplatte beschwert sein, damit der Auftrieb verhindert wird. Die Schnecke wird unter Wasser auf die Schaukel gesetzt. Zur Verhinderung des Auftriebes befestigt man am besten an der Schale ein Bleiklötzchen mit Klebwachs. Das Tier kriecht bei jeder Schrägung senk-

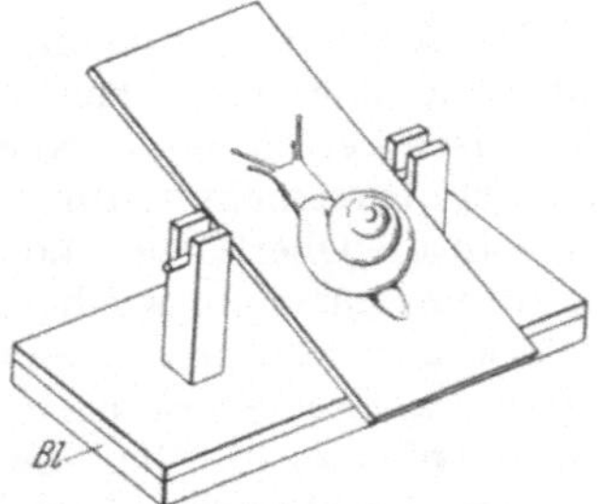

Abb. 15. Unterwasserschaukel aus Holz zur Demonstration der negativen Geotaxis von *Helix* und *Nepa*.

recht nach oben und wendet nach jeder Umdrehung der Schaukel seine Richtung. Eine Operation der Statocysten ist nicht ausführbar.

Nepa cinerea, Wasserskorpion. Die Anordnung ist die gleiche wie bei *Helix*. Die negative, von den Statocysten geleitete Geotaxis tritt ein, wenn die Atemluft des Luftreservoirs aufgebraucht ist. Die Atemluft läßt sich künstlich entfernen. Durch leichtes Drücken des Abdomens unter Wasser kann sie leicht durch die Atemröhre ausgepreßt werden. Die Augen sind zur Ausschaltung der Phototaxis vor dem Versuch mit lichtdichtem Lack zu verkleben. Das in solchem Zustande auf die Unterwasserschaukel gesetzte Tier benimmt sich genau wie *Helix*.

Positive Geotaxis ist besonders bei in Schlamm oder Sand lebenden Meerestieren entwickelt.

Arenicola. Küstenform vieler Meere. Die Würmer sind nach dem Fang nicht in Seewasser, sondern in feuchtem, groben Sand kühl aufzubewahren. Die positive Geotaxis tritt mit Sicherheit ein, wenn der Wurm ausgegraben, d. h. seinem natürlichen Milieu entrissen ist. Zur Sichtbarmachung der Geotaxis dient ein schmales Aquarium, bestehend aus zwei rechteckigen Glasscheiben (die Kanten sind stumpf zu feilen, um Schnittwunden zu vermeiden) und einem Gummischlauch (Gasschlauch), der

U-förmig zwischen beide Scheiben gelegt wird. Das Ganze wird durch
einige Klammern (Photoklammer zum Aufhängen trocknender Abzüge)
zusammengehalten. Der Querdurchmesser des Apparats ist auf diese

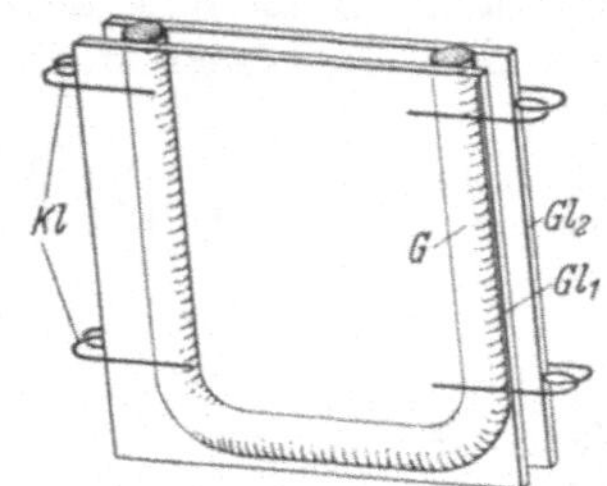

Abb. 16. Schmalaquarium, bestehend
aus zwei Glasscheiben und einem
U-förmig gebogenen Gummischlauch.
Kl Drahtklammern.

Weise nur wenig größer als der Durch-
messer des Wurms. Nachdem das Ganze
mit feuchtem Seesand angefüllt ist, wird der
Wurm oben auf den Sand gesetzt und die
Einbohrrichtung beobachtet[1]. Die Schräge
des Einbohrens ist bei einzelnen Arten ver-
schieden, bei *Ar. marina* beträgt sie 60°.
Bei senkrechter Aufstellung des Aquariums
bohrt das Tier schräg nach unten, bei
Schrägstellung einigermaßen senkrecht.
Das Bohren ist durch das Glas hindurch
unmittelbar zu sehen. Die Operation der
Statocysten, nach welcher die positive
Geotaxis fortfällt, ist im Praktikum schwer durchzuführen.

Otoplaniden. Marine im Ufersand lebende Turbellarien. Fang: Ködern
mit Hilfe eines vergrabenen Fisches. Nach 24 Stunden wird der Sand um
den Fisch herum ausgegraben, in große Standgläser getan und mit wenig
Wasser überschichtet. Im Laboratorium kommen die Würmer nach einiger
Zeit an die Oberfläche und sind hier abzupipettieren. Zur Beobachtung
dient ein Aquarium wie bei *Arenicola*, aber in allen Dimensionen wesentlich kleiner und ohne Sand (dünner Gummischlauch, 2—3 mm). Die
Tiere reagieren stark positiv geotaktisch nach der Erschütterung, z. B.
auf Klopfen an die Glaswand. Sehr geeignet zu diesen Versuchen ist auch
die an der deutschen Küste allerdings fehlende *Convoluta roskoffensis*.

Im Binnenland sind entsprechende Versuche nur mit den Larven
gewisser Dipteren (Limnobiiden) durchzuführen.

Ein anderes Material zur Durchführung derartiger Versuche sind auch
die Asseln der Gattung *Anthura, Cyathura* usw., deren Statocysten im
Telson liegen, Brackwasser.

b) Negative Geotaxis bei Tieren ohne Statocysten. Das bekannteste
Beispiel unter den Protozoen bietet *Paramaecium*. Zur Demonstration
füllt man ein Reagensrohr mit der Flüssigkeit einer gut angegangenen
*Paramaecium*kultur und verschließt es — ohne Luftblase! — mit einem
Korken. Das Glas wird senkrecht hingestellt, die *Paramaecien* schwimmen
größtenteils nach oben und sammeln sich dicht unter dem Korken an.
Dreht man das Glas um 180°, so schwimmen sie dem blinden Ende des
Reagensröhrchens zu nach oben.

Um nachzuweisen, daß die Qualität des Wassers von Bedeutung ist
für die Auslösung dieser Erscheinung, womit zugleich bewiesen ist, daß
es sich um einen Reflex handelt, bringt man einige wenige *Paramaecien*
in ein Reagensrohr, das mit reinem, gut durchlüfteten Süßwasser gefüllt
ist. Die Tiere zeigen jetzt keine Geotaxis.

Verhalten der Tiere auf schiefer Ebene (CROZIERs Geotaxis). CROZIER
hat festgestellt, daß die meisten Tiere auf schiefer Ebene eine Richtung

---

[1] Besser als Sand, der leicht zu fest wird, ist eine Aufschwemmung von Agar-
Agar, in der die Tiere gut bohren und sich leicht beobachten lassen.

einschlagen, die in gesetzmäßiger Weise von der Neigung der Ebene abhängig ist.

Apparatur. Eine Sperrholzplatte etwa 40 cm breit, 30 cm hoch, wird mit etwas rauhem Fließpapier bespannt und schräg auf den Tisch gestellt, am besten in der Dunkelkammer. Man kann auch zwei mit Scharnieren gegeneinander beweglichen Holzplatten nehmen, von denen die eine, die auf dem Tisch liegende Grundplatte Gr. eine einfache Stellvorrichtung trägt. Als Material können verschiedene kleinere Käfer, Ohrwürmer und andere Insekten genommen werden. Man läßt sie ziemlich weit unten starten und zieht mit Bleistift die Bahn, die sie ziehen, nach. Man findet, daß der Winkel, den die Bahn mit der Horizontalen einschließt, um

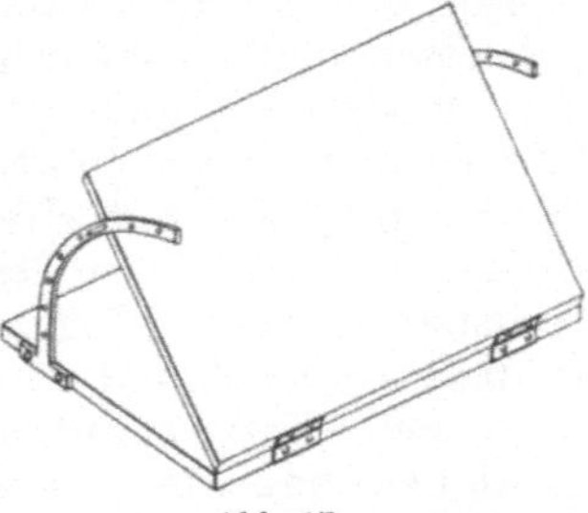

Abb. 17.
Schiefe Ebene mit veränderlicher Neigung zum Studium der CROZIERschen Geotaxis.

so größer ist, anders gesagt, daß die Tiere um so senkrechter nach oben kriechen, je steiler die Ebene aufgerichtet ist.

Literatur: Zahlreiche Arbeiten CROZIERs, außerdem H. JÄGER: Zool. Jb., Allg. Zool. **51** (1932).

2. Statische Augenreflexe.

Augenreflexe, die von den Statocysten bzw. vom Labyrinth abhängen, sind zu beobachten bei den stieläugigen Krebsen, den pulmonaten Schnecken, den Tintenfischen und den Wirbeltieren. Bei allen diesen Tieren gilt das Gesetz, daß zu jeder Stellung des Kopfes, genauer der Statocysten im Raum, eine bestimmte Stellung der Augen zum Körper gehört. Zur qualitativen Beobachtung dieser Erscheinung ist es nur notwendig, das Tier bzw. den Kopf in irgendeinem Sinne hin und herzudrehen, die kompensatorischen Bewegungen der Augen sind dann leicht zu beobachten. Zur quantitativen Untersuchung bedarf es einer besonderen Apparatur.

Stieläugige Krebse. (*Potamobius, Carcinus, Eriocheir.*) Die letzte Art ist wegen der außerordentlichen Länge der Augenstiele besonders geeignet. Die Versuche können in Luft stattfinden, obwohl es sich um Wassertiere handelt. Es ist nur nötig, die Kiemen der Versuchstiere von Zeit zu Zeit (etwa alle Viertelstunden) durch Untertauchen des

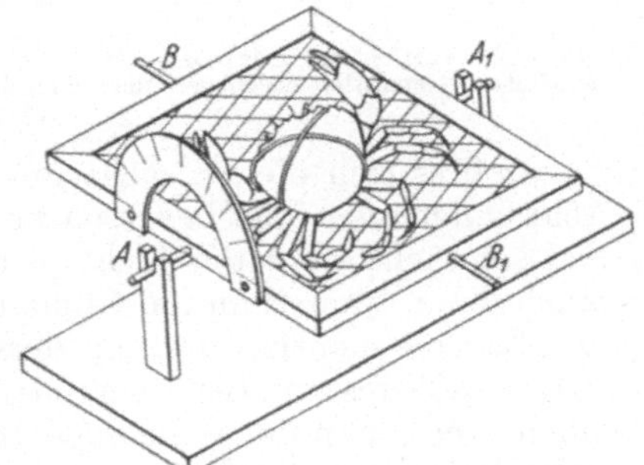

Abb. 18. *A* Vorrichtung zur Messung der Augenstielbewegungen der Taschenkrebse. *AA₁* und *BB₁* die beiden Achsen, um welche der Rahmen mit dem Krebs drehbar ist.

Krebses zu befeuchten. Zur quantitativen Messung der Augenstielbewegungen fesselt man das Tier auf einem groben Drahtgeflecht, das in einem quadratischen Holzrahmen eingespannt ist. Größe etwa 10 × 10 cm. Der Rahmen trägt am besten zwei Achsen. Das Tier muß den Drahtmaschen mit dem Bauche aufliegen. Zur Messung sind zwei Winkelmesser notwendig, von denen der eine die passive Drehung des Rahmens mißt, der andere die Bewegungen des Auges. Zur Verdeutlichung dieser Bewegungen ist es vorteilhaft, an das Auge mit Klebwachs eine Schweinsborste anzukleben, um den Ausschlag zu vergrößern. Der Mittelpunkt des Winkelmessers muß ungefähr mit der Basis des Augenstiels koinzidieren.

Steht eine geräumige Dunkelkammer zur Verfügung, so kann man sich statt dieser etwas umständlichen Methode auch der folgenden bedienen. Man projiziert mit Hilfe einer punktförmigen Lichtquelle (Punktlichtlampe) den Schatten des Tieres und seines Augenstieles nebst Schweinsborste auf einen als Projektionswand dienenden Zeichenkarton, zeichnet die Umrisse ab und mißt die Winkel nach.

Bei diesen quantitativen Versuchen kann sehr schön festgestellt werden, daß die Übereinstimmung zwischen dem Drehwinkel und der kompensatorischen Gegendrehung bei kleinen Winkeln eine vorzügliche ist, wogegen sie nachläßt, wenn die Winkel größer werden.

Schnecken. *(Helix hortensis* und *nemoralis.)* Im Vergleich zu dem Verhalten der vorgenannten Tiere kompensieren die Schnecken nur sehr ungenau. Sie eignen sich daher nur zu einigen ganz groben Versuchen.

Grundversuch. Man läßt die Schnecke auf einer horizontal gehaltenen feuchten Glasplatte kriechen und dreht die Platte mit einer ruckartigen Bewegung, also möglichst schnell, so, daß sie senkrecht steht und das Tier jetzt senkrecht nach oben kriecht. Nach kurzer Latenzzeit beobachtet man eine Neigung beider Augenfühler nach der Scheibe hin, also entgegen dem Drehsinne der Scheibe.

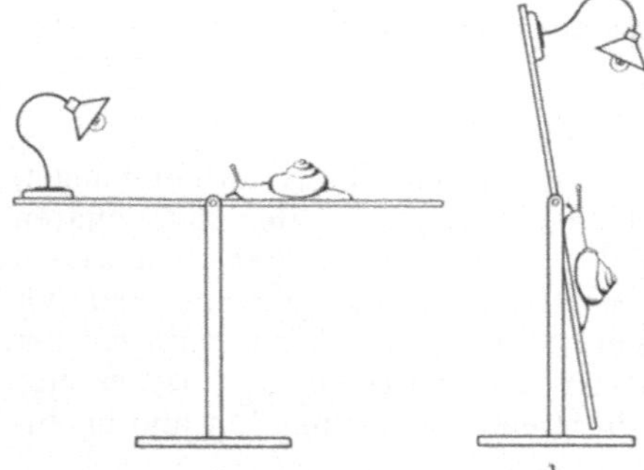

Abb. 19. Vorrichtung zur Demonstration der statischen Augenstielbewegungen der Schnecken.

Daß es sich hierbei nicht um einen optischen Reflex handelt, kann sehr einfach wie folgt bewiesen werden. Erstens gelingt der Versuch auch bei schwächstem roten Licht in der Dunkelkammer. Er gelingt ferner auch dann, wenn man die Glühlampe, welche den Raum beleuchtet, auf der Scheibe montiert und mit derselben dreht, ohne daß sich die relative Lage des Tieres zum Licht verändert. Endlich kompensieren die Schnecken auch, wenn man ihnen die augentragenden Spitzen der Fühler mit einem schnellen Scherenschlage abschneidet.

Zum Beweis, daß auch bei den Schnecken eine feste Beziehung besteht zwischen der Körperlage im Raum und der Stellung zum Körper, sind statistische Mittelwertsbestimmungen erforderlich. Man beobachtet die Stellung eines Augenfühlers alle 10 Sek. a) bei horizontaler, b) bei vertikaler Kriechbahn. Der Winkel zwischen Kriechebene und Augenfühler ist an einem Winkelmesser abzulesen. Der Durchschnitt aus 10—20 Messungen zeigt, daß dieser Winkel beim horizontalen Kriechen wesentlich größer ist, die Fühler werden steiler getragen.

Die pulmonaten Schnecken sind auch die einzigen wirbellosen Tiere, bei denen sich *kompensatorische Kopfstellreflexe* nachweisen lassen. Eine Nacktschnecke (größere *Limax* oder *Arion*) wird mit dem Rücken auf den Tisch oder eine Glasscheibe gelegt und durch zwei Bleiklötze, die an beide Seiten des Tieres herangeschoben werden, ein Umfallen des Körpers verhindert. Die Schnecke verdreht ihren Kopf sofort solange, bis der Scheitel nach oben sieht, legt jetzt den Kopf dem Boden auf und beginnt zu kriechen, wobei der Körper von vorn beginnend sich ebenfalls langsam in die Normallage zurückdreht.

Literatur: v. Buddenbrock: Biol. Zbl. 1935.

3. Kompensatorische Körperstellreflexe (Gleichgewichtsreflexe).

(Dekapode Krebse: *Potamobius, Palaemon, Crangon* usw., Fische und andere Wirbeltiere.)

Flußkrebs. Die Dorsalseite des Rückenpanzers wird mittels eines Wattebauschs mit Alkohol und Äther vorsichtig abgetrocknet und hierauf ein etwa 10 cm langer Glasstab, der am Ende etwas verbreitert ist, mit warmem Klebwachs am Rückenpanzer befestigt. Die Augen sind lichtdicht zu verkleben, da Lichteindrücke sehr stören können. Das Tier wird nunmehr am Glasstab frei ins Wasser gehängt. 1. Mittelebene senkrecht. Die Bewegungen der Thorakalbeine beider Seiten sind etwa symmetrisch, d. h. nach Amplitude und Frequenz einander gleich. 2. Schräg, so daß die linke oder die rechte Seite höher liegt. Die Bewegung wird jetzt asymmetrisch, die tiefer liegende Seite führt stärkere und häufigere Ruderbewegungen aus. Auch die Scheren beider Seiten werden verschieden gehalten. Siehe hierzu Abb. 12, S. 22.

Nach diesem Vorversuch wird eine Statocyste entfernt. Es geschieht dies, indem man mit einer spitzen Pinzette die eine erste Antenne am untersten Glied ergreift und ausbricht. Es ist nötig, sich im Mikroskop davon zu überzeugen, daß die Statocyste mit herausgerissen worden ist. Wird der Krebs jetzt wieder im Wasser schwebend gehalten, so arbeiten die Beine beider Seiten in jeder Raumlage asymmetrisch. Nach Wegnahme auch der zweiten Statocyste bewegen sich dagegen die Extremitäten beider Körperseiten in jeder Raumlage symmetrisch.

Garneelen. (*Palaemon, Palaemonetes, Crangon* usw.) Diese Meerestiere lassen sich in der kühleren Jahreszeit leicht ins Binnenland verschicken, sie sind als gute Schwimmer zu derartigen Versuchen besonders geeignet. Als Beweismittel für das Funktionieren der Statocysten wird der Lichtrückenreflex verwandt. Normale Garneelen schwimmen, von unten beleuchtet, normalerweise mit dem Rücken nach oben, einseitig entstatete ebenfalls, beiderseitig entstatete schwimmen dagegen bei Unterbeleuchtung mit dem Rücken nach unten. Die Operation der Statocysten wird unter dem Binokular vorgenommen: Man kratzt die deutlich sichtbaren Statocysten mit einer feinen Nadel aus.

Das Verhalten des einseitig entstateten Krebses beweist, daß die Garneelen im Gegensatz zum Flußkrebs ihr Gleichgewicht mit einer Statocyste allein aufrechterhalten können. Dies ist nur möglich, wenn eine Statocyste je nach der Raumlage verschiedene Reflexe auslöst. Hiervon überzeugt man sich durch den folgenden Versuch:

Statocystenreflexe in verschiedenen Raumlagen. Eine Garneele wird einseitig entstatet. Man hält sie im Wasser so, daß man sie von vorn sieht in verschiedenen Lagen: rechte Seitenlage oder Rückenlage usw. Man läßt das vorsichtig mit zwei Fingern gehaltene Tier in einer solchen Lage los und beobachtet, durch welche Drehung es in die Normallage zurückkehrt. Auf Grund einer Reihe derartiger Beobachtungen kann man ein Diagramm konstruieren, aus dem auch ersichtlich ist, bis zu welchem Neigungswinkel der Symmetrieebene beide Statocysten zusammenarbeiten.

Umdrehreflex der Brachyuren. Typische Gleichgewichtsreflexe wie die Macruren zeigen diese Tiere nicht. Abgesehen von den schon geschilderten Augenstielreflexen zeigt sich die Bedeutung der Statocysten im Umdrehreflex. Eine auf den Rücken gelegte Krabbe dreht sich sofort wieder um. Nach operativer Entfernung der Statocysten, die genau so auszuführen ist wie beim Flußkrebs, ändert sich dies Verhalten. Die Krabben drehen sich nur langsam um und in umgekehrter Richtung, nicht wie sonst über den Kopf, sondern über das Abdomen.

Statoreflexe der Mysideen. Genau die gleichen Versuche wie mit den Garneelen lassen sich auch mit den an den meisten Meeresküsten häufigen Mysideen ausführen, deren Statocysten in den Uropoden liegen. Auch hier ist die Entfernung nur einer Statocyste unwirksam. Prüfung in Unterbeleuchtung.

KREIDLscher Versuch zum Beweise der Statolithenhypothese. Eine Anzahl Garneelen werden etwa 10 Tage vor dem Kursus in ein Aquarium gesetzt, dessen Boden mit Nickelstaub bedeckt ist. — (Keine Nickelspäne, da sie zu grob sind!). — Es wird abgewartet, bis ein Tier sich gehäutet und neue Nickelstatolithen in die Statocyste eingeführt hat. Die gehäuteten Tiere werden einen Tag nach der Häutung untersucht. Nähert man ihnen von der Dorsalseite einen Elektromagneten, dessen Eisenkern auf der einen Seite konisch in eine Spitze ausläuft, so wirft sich der Krebs auf den Rücken, da die Statolithen in derselben Weise abgelenkt werden, wie bei einem normalen auf den Rücken gefallenen Krebs durch die Schwerkraft.

Gegenversuch. Um statolithenlose Tiere bei im übrigen intakter Statocyste zu erhalten, läßt man einige Garneelen in einem sauberen Aquarium ohne Sand sich häuten, nachdem man ihnen die Putzscheren abgeschnitten hat, mit denen sie sich die Sandkörner in die Statocysten einführen. Solche Tiere zeigen nach der Häutung ohne Operation das gleiche Verhalten wie beiderseits operierte: Rückenschwimmen bei Unterbeleuchtung.

Literatur: KÜHN, A.: Verh. dtsch. zool. Ges. **1914**. — v. BUDDENBROCK, W.: Zool. Jb., Allg. Zool. **34** (1914).

Asymmetrische Gleichgewichtsorgane. *Pecten.* Vorkommen: Atlantischer Ozean, Mittelmeer. In Helgoland nur ganz gelegentlich auf Treibholz.

Am besten geeignet zu den hier zu schildernden Versuchen sind die kleinen Arten: *P. opercularis, flexuosus, inflexus, varius* usw.

Umdrehreflex. Tiere, die auf die falsche Seite gelegt werden (die linke, welche den Byssusausschnitt nicht trägt) öffnen sich sehr weit und überschlagen sich nach einem kräftigen Schalenschluß über das Schloß.

Tiere, die mit Hilfe eines kleinen Stückchens Klebwachs an einem Faden frei ins Wasser gehängt werden, wobei man ihnen jede beliebige Lage im Raum geben kann, drehen sich beim Abschwimmen stets so, daß die zwischen den beiden Schalenhälften gelegene Medianebene ungefähr um 45⁰ gegen die Horizontale geneigt ist und die linke Schale sich oben befindet. Diese Schrägstellung tritt besonders auch dann ein, wenn man dem Tiere eine zur Schwerkraft symmetrische Anfangslage gibt, bei welcher die Symmetrieebene senkrecht steht. Das Schloß kann hierbei oben oder unten gelegen sein.

4. Gleichgewichtsreflexe der Wirbeltiere.

Von den statischen Reflexen der Wirbeltiere seien im folgenden nur diejenigen behandelt, die sich durch einfache Demonstrationen ohne operative Eingriffe zur Darstellung bringen lassen.

Als Material kann ein beliebiger Süßwasserfisch (*Leuciscus* usw.) genommen werden. Das Tier wird auf einem kleinen Brett gefesselt, das wenig länger ist als der Körper. Die Fesselung geschieht am besten mit zwei Stoffstreifen (Leukoplast), die quer über den Körper gelegt und mit Heftzwecken am Brett befestigt werden. Das Brett ist um zwei Achsen drehbar, ein Winkelmesser gestattet, den passiven Drehwinkel abzulesen. Bei Drehung um die Längsachse sind die Augendrehungen des Fisches zu sehen, bei denen die Augachse ihre Stellung ändert. Bei Drehung um die Querachse gewahrt man die Augenrollungen. Man versucht, diejenigen Lagen aufzufinden, denen maximale Abweichungen des Auges von der Normallage entsprechen. Die Augenrollungen sind hierzu besonders geeignet, weil die Fischiris meist kleine Farbflecken zeigt, die sich zeichnerisch oder photographisch genau festhalten lassen.

Zum Nachweis der Einwirkung der statischen Sinnesorgane auf die Extremitäten sind die Fische am geeignetsten.

Kleinerer Fisch (Elritze, Weißfisch usw.). Das Tier wird so gefesselt, daß es in der Bewegung der Flossen unbehindert ist. Der Apparat besteht im wesentlichen aus einem vierkantigen Messingstab, der zur Einpassung in ein kleines Aquarium vor und hinten je ein U-förmiges Ansatzstück trägt. Verschiebbar auf dem Stab sind zwei metallene Spangen befestigt. Die vordere trägt oben einen Ring, der mit Netzstoff umnäht zur Fixierung des Kopfes dient. Löcher für die Augen sind auszusparen. Die zweite etwas federnde Spange läuft in zwei horizontale Seitenverstrengungen aus. Der Körper des Fisches wird durch einen Gummiring zwischen Brust und Bauchflosse vor der unmittelbaren Berührung mit dem Metall bewahrt. Das Hin- und Herbewegen der Schwanzflosse wird durch einen Gummiring an der Schwanzbasis verhindert. Der Fischhalter kann in einer kardanischen Aufhängung so angebracht werden, daß der Fisch in jede Raumlage kommen kann.

Man beobachtet erst die Stellung der Flossen in der Normallage, bringt das Tier dann in eine bestimmte andere Lage, z. B. rechte Seitenlage, wartet einen Augenblick und beobachtet von neuem. Sämtliche Flossen zeigen bei gut reagierenden Fischen Abweichungen, die solange anhalten wie die abnorme Körperlänge besteht.

Kopfstellreflexe der vierfüßigen Wirbeltiere. Es sind hierzu alle vierfüßigen Wirbeltiere zu brauchen vom Frosch bis zum Säugetier. Vielleicht am besten geeignet sind Taube, Huhn und Schildkröte. Das Tier wird am Rumpf gehalten und demselben verschiedene Raumstellungen gegeben. Der Kopf wird stets so gedreht, daß er die Normalstellung mit dem Scheitel nach oben zeigt. Beim kurzhalsigen Frosch sind die Vorderarme und der Rumpf an diesen Reflexen beteiligt. Am geeignetsten sind großhirnlose Frösche (GOLTZscher Stich). Sie werden auf eine Kippe gesetzt, d. h. auf ein Holzbrett, das um eine horizontale Achse drehbar ist. Sie nehmen stets eine solche Haltung ein, daß der Kopf die Normalstellung beibehält.

5. Bogengangreflexe.

Mit der umstehend beschriebenen Apparatur können auch die Bogengangsreflexe des Fisches sehr einfach demonstriert werden. Um die Utriculusreflexe auszuschalten, hat man nur nötig, den Fisch senkrecht zu stellen und schnell um die senkrechte Achse zu drehen. Die entstehenden Abweichungen der Flossen sind genau die gleichen wie die vom Utriculus ausgehenden, nur sind sie wesentlich ausgesprochener. Längere Rotation und plötzliches Stillhalten hat entgegengesetzte Abweichungen zur Folge.

Nachweis der Bogengangreflexe des Frosches. Ohne eine Operation auszuführen, kann man beim Frosch die vom Labyrinth ausgehenden kompensatorischen Drehreflexe in der folgenden Weise demonstrieren. Der Frosch wird in einer Glasschale, die mit einer Glasscheibe verschlossen ist, auf eine Drehscheibe gesetzt. Die Glasschale wird mit undurchsichtigem Papier umkleidet. Drehung der Scheibe ändert weder das Gesichtsfeld des Tieres noch seine Lage zur Schwerkraft, trotzdem sind deutliche kompensatorische Bewegungen des Kopfes und des Rumpfes zu beobachten.

6. Der freie Fall.

Das geeignetste Versuchstier ist die Katze. Es genügt eine Fallhöhe von knapp 2 m. Auf den Fußboden wird irgendeine weiche Decke, ein Kissen oder dergleichen gelegt. Das Tier wird mit der einen Hand an den Vorderbeinen, mit der anderen an den Hinterbeinen festgehalten, mit dem Rücken nach unten, die Arme werden möglichst hochgehoben und das Tier plötzlich fallen gelassen. Die Katze kommt richtig, mit den Füßen voran, auf dem Boden an. Entsprechende Resultate erhält man, wenn man das Tier am Genick oder an den Hinterbeinen allein, in beiden Fällen also senkrecht hält und nunmehr fallen läßt. Eine Analyse der Erscheinung ist allerdings mit den Mitteln eines einfachen Praktikums nicht möglich. Entsprechende Versuche lassen sich auch mit dem Frosch anstellen.

Der Temperatursinn.

Der Temperatursinn von Hirudo medicinalis.

Versuchsanordnung: Ein großes Becherglas wird mit Leitungswasser von Zimmertemperatur gefüllt. In das Wasser wird ein gläsernes, an einem Stativ befestigtes U-Rohr von etwa $^1/_4$—$^1/_2$ cm Durchmesser so eingetaucht, daß nicht viel mehr als die Krümmung des U-Rohres im

Wasser liegt. Auf einen neben das Becherglas gesetzten Dreifuß stellt man eine große Kochflasche, die mittels eines Gummischlauches mit der einen Öffnung des U-Rohres verbunden wird; an den anderen Schenkel des U-Rohres wird ebenfalls ein Gummischlauch befestigt und hier angesaugt, so daß das Wasser aus der Kochflasche durch das U-Rohr und dann aus diesem durch den zweiten Gummischlauch in ein darunter gestelltes Gefäß abfließen kann. An einem Stativ befestigt man mit Klammern zwei Thermometer, die in das Becherglas versenkt werden; der Quecksilberbehälter des einen Thermometers berührt die Krümmung des U-Rohres, der des anderen den Boden des Becherglases.

Es werden nun mehrere, etwa 4—6, Blutegel in das Wasser des Becherglases gesetzt. Die Tiere schwimmen herum oder setzen sich an beliebigen Stellen fest. Das Wasser in der Kochflasche wird jetzt mittels eines unter den Dreifuß gesetzten Bunsenbrenners erhitzt. Falls nun die Blutegel irgendwo unbeweglich im Becherglas sitzen, veranlaßt

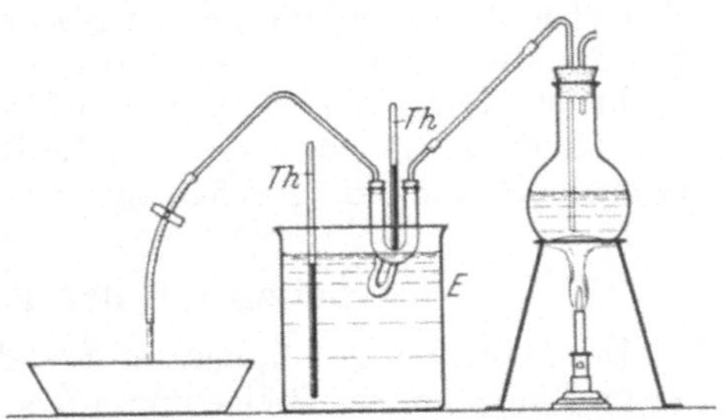

Abb. 20. Versuchsanordnung zur Prüfung des Temperatursinns des Blutegels. *E* Egel, *Th* Thermometer.

man sie durch Anstoßen zum Ortswechsel. Nach einiger Zeit sammeln sich alle Egel, zumindest jedoch die Mehrzahl, an der Krümmung des U-Rohres oder in deren Nähe an, saugen sich dort fest und verharren dort, selbst wenn die Temperatur an dieser Stelle nur 0,5—1⁰ höher liegt als an den anderen Stellen im Becherglas. Bei allzu großer Steigerung der Temperatur an der U-Rohrkrümmung lösen sich die Egel wieder ab von dieser und suchen benachbarte, oder schließlich auch weiter entferntere Stellen auf.

In primitivster Form kann der Versuch auch so angestellt werden, daß ein mit Leitungswasser von Zimmertemperatur gefülltes Becherglas, in das einige Blutegel eingetan werden, an eine brennende Bunsenflamme herangeschoben wird. Auch hier sammelt sich die Mehrzahl der Egel alsbald an der wärmeren Seite des Becherglases an.

Literatur: HERTER, K.: Temperaturversuche mit Egeln. Z. vergl. Physiol. **10** (1929).

Der Temperatursinn von Helix pomatia.

Eine *Helix* wird auf einer angefeuchteten Glasplatte kriechen gelassen. Ein an der Bunsenflamme heißgemachter Metallstab, z. B. eine Stricknadel, wird mit einer Spitze bis auf einen bis mehrere Millimeter verschiedenen Stellen des Fußes und des Kopfes genähert. Bei Annäherung an die Fühler erfolgt Retraktion derselben, bei Annäherung an den Fußrücken eine lokale Kontraktion der gereizten Stellen. Eine Empfindlichkeitsbestimmung der gereizten Stellen kann nach demselben Prinzip wie beim chemischen Sinn erfolgen (s. S. 37).

Versuche zum Temperatursinn von Rana.

Ein spinaler Frosch (s. S. 94) wird mit einer Klammer am Unterkiefer an einem Stativ aufgehängt. Ein Bechergläschen, das Wasser von

Zimmertemperatur enthält, wird an ein Bein herangeführt und der Fuß gut eingetaucht. Es erfolgt keine Reaktion. Dieser Versuch wird wiederholt mit Wasser von 20⁰, dann von 22⁰, 24⁰, 26⁰ usw., bis 45⁰. Ungefähr bei 40⁰ ist eine in einem Zittern und Spreizen der Zehen bestehende Reaktion bemerkbar, bei 42⁰ erfolgt schon ein leichtes Anziehen des Beines, das sich mit höherer Temperatur noch verstärkt. — Das Wasser verschiedener Temperatur in dem Becherglas wird am zweckmäßigsten so hergestellt, daß das Glas zur Hälfte mit Leitungswasser von Zimmertemperatur gefüllt wird und dann solange daneben in einem Reagensglas über der Bunsenflamme erhitztes Wasser nachgefüllt wird, bis die gewünschte Temperatur (es wird mit dem Thermometer umgerührt) erreicht ist. Der Versuch zeigt, daß für den Temperatursinn das WEBERsche Gesetz keine Gültigkeit hat, die Reaktion tritt bei einer bestimmten Reiztemperatur ein, gleichgültig, welches die Ausgangstemperatur war.

Arbeiten mit der Temperaturorgel.

Der Hauptteil des Apparates besteht in einer Aluminiumschiene von 60 cm Länge, 10 cm Breite und 1,5 cm Dicke, die an einem Ende nach unten abgebogen ist und an der Seite vier Löcher enthält, die etwa bis zur Mitte der Schiene laufen und zum Hineinstecken von rechtwinklig gebogenen Thermometern dienen. Das Aluminium bietet nur den Vorteil geringeren Gewichts, an sich kann jedes Metall genommen werden. Auf die Schiene wird ein Glaskasten ohne

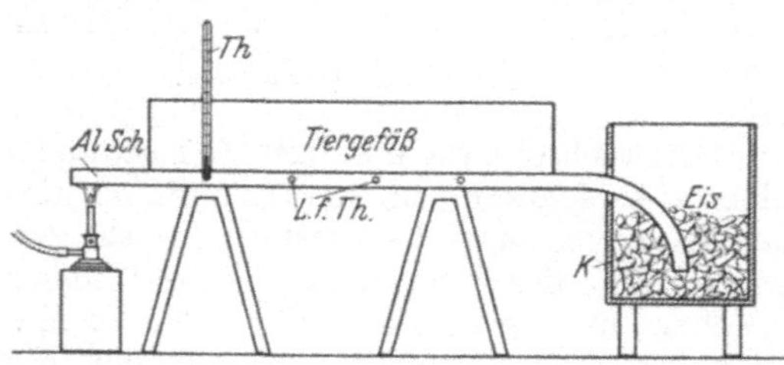

Abb. 21. Temperaturorgel nach HERTER. *Al* Aluminiumschiene, *Th* rechtwinklig gebogenes Thermometer, *L* Löcher zum Einstecken der Thermometer in die Schiene, *K* Eiskasten.

Boden gesetzt zur Aufnahme der Versuchstiere. Die Schiene, die auf eine geeignete Unterlage, bestehend etwa aus zwei Böcken, gestellt wird, wird an der einen Seite durch einen Bunsenbrenner erwärmt, auf der anderen Seite befindet sich ein Kasten mit Eis oder kaltem Wasser, in die das abgebogene Ende der Schiene hineingesteckt wird. In die Schiene werden in regelmäßigen Abständen eine große Zahl von Querlinien eingeritzt (alle Zentimeter). Die Temperatur an jeder Linie kann nach dem Stande der vier Thermometer leicht berechnet werden.

Die Versuchstiere (Insekten, Asseln, aber auch kleine Säugetiere) werden, wenn möglich in größerer Anzahl, in das Tiergefäß gesetzt. Man wartet ab, bis sie sich beruhigt haben und zählt die Zahl der Individuen, die sich in jedem Temperaturbereich angesammelt haben. Man findet ein mehr oder weniger scharf ausgeprägtes Maximum. Die Lage dieses Maximums ist für gewöhnlich nicht für die Art konstant, sondern ändert sich mit der Ausgangstemperatur, mit der Belichtung usw.

Literatur: HERTER, K.: Eine verbesserte Temperaturorgel und ihre Anwendung auf Insekten und Säugetiere. Biol. Zbl. **54** (1934).

Chemischer Sinn.

Der Nachweis des chemischen Sinnes von Hydra.

Material: *Hydra,* am besten *H. grisea* oder *Chlorohydra.* In einem
nicht zu kleinen Petrischälchen werden die Tiere unter dem Binokular
betrachtet. Spritzt man aus einer Mikropipette einen feinen Wasserstrom gegen das Tier, so pflegt es die Tentakelkrone, in Erwartung von
Beute, weit zu öffnen. Spritzt man einen feinen Strom *Daphnien*kochsaft gegen das Tier, so schließen sich die Tentakel, bald nachdem der
Strom das Tier erreicht hat; die Bewegung erweckt den Anschein, als
ob ein Beutetier dem Munde zugeführt werde.

Der *Daphnien*kochsaft wird hergestellt, indem man frische oder aber
auch getrocknete, als Fischfutter käufliche, *Daphnien* in einem Becherglas mit nicht zu viel Wasser ein- bis zweimal gut aufkocht; die harn-
farbene, gut abfiltrierte Flüssigkeit kann nach Abkühlung sofort Verwendung finden.

Literatur: BEUTLER, R.: Experimentelle Untersuchungen über die Verdauung
bei *Hydra.* Z. vergl. Physiol. **1** (1924).

Der chemische Sinn der Mundarme von Aurelia aurita.

Abgeschnittene, in einer Schale mit Seewasser befindliche Mundarme
von *Aurelia aurita* befördern Genießbares, z. B. kleine Stückchen Muschel-
oder Krebsfleisch oder mit „Nahrungsgeschmack" versehene Partikelchen, z. B. Lehmbröckchen, denen Fleischwitterung anhaftet, in Richtung
des Mundes, also der Schnittstelle, indem sie den vorgelegten Reizbrocken
erfassen und entweder am Rande des Armes mittels der Tentakel oder
nach Einbringen in das Innere der Falte weiter befördern. Mit Gly-
kogen-, Saccharose-, Traubenzucker-, Stärkelösungen oder Seewasser
getränkte Lehmpartikelchen werden nicht häufiger (mehrere Versuche!)
und schneller befördert als reiner Lehm, wohl aber mit Hühnereiweiß,
Albumin, Pepton, Leucin, Tyrosin, Palmitinsäure (besonders gut!), Trio-
lein getränkte Brocken. Die Konzentrationen der zur Durchtränkung
der Brocken benutzten Lösungen stelle man etwa mit 0,5 g/100 ccm
Seewasser her. Die Reaktion verstärkt sich mit steigender, verlangsamt
sich mit fallender Konzentration.

Literatur: HENSCHEL, J.: Untersuchungen über den chemischen Sinn der
Scyphomedusen *Aurelia aurita* und *Cyanea capillata* und der Hydromeduse *Sarsia
tubulosa.* Wiss. Meeresuntersuchungen, Abt. Kiel **22** (1935).

Der chemische Sinn der Spinnen.

Man setzt eine größere Spinne (*Tegenaria, Lycosa* usw.) in eine Glasschale von etwa 20 cm Durchmesser und nähert, wenn sie sich beruhigt
hat und still sitzt, einem der Beine, am besten einem Vorderbein dicht
am Tarsus, einen feinen Pinsel, der mit einer stark riechenden Essenz
(Nelkenöl) befeuchtet ist. Der Duftstoff wird aus einer Entfernung von
2—3 mm perzipiert, was sich darin äußert, daß das Tier eine Wendung
macht und wegläuft.

Literatur: BLUMENTHAL, H.: Untersuchungen über das Tarsalorgan der Spinnen.
Z. Morph. u. Ökol. Tiere **29** (1935).

3*

Hervorlockung verschiedener Tiere durch Darbietung chemisch-sensorisch wirksamer Nahrungsstoffe.

a) Planarien. Material: Am besten *Dendrocoelum lacteum*; die *Polycelis*-Arten reagieren viel unregelmäßiger. Die Versuchsanordnung besteht aus einem langen schmalen Aquarium, dessen Schmalseiten etwa 1 cm über dem Boden in der Mitte mit je einem kreisrunden Loch zum Einleiten eines Gummischlauches versehen sind. In die eine Öffnung wird ein Wasserstrom eingeführt, der durch die gegenüberliegende abfließt. Die Tiere setzt man in die Nähe des Abflusses. Wird in das Aquarium an den Zufluß ein toter aufgeschnittener Frosch gelegt, so kriechen die *Planarien* schon nach wenigen Minuten in Richtung des Frosches; dieser kann 10—20 cm von den Würmern entfernt sein, bei größerer Entfernung wird die Reaktion unregelmäßig. Die Reaktion erlischt, wenn der Frosch an den Abfluß gelegt wird, selbst dann, wenn sich die Tiere nur wenige Zentimeter von ihm entfernt befinden.

b) Crangon. Versuchsanordnung: Aquarium mit Seewasser und Sandboden. Hineingetane *Crangon* graben sich nach kurzer Zeit in den Sand. Sie kommen aber nach wenigen Minuten wieder hervor, wenn dem Aquariumwasser etwas *Mytilus*-Preßsaft zugefügt wird. Die zwischen der Reizsetzung und der Reaktion, dem Hervorkommen, liegende Zeit verlängert sich, wenn den Tieren die ersten Antennen abgeschnitten werden.

Literatur: Doflein, J.: Chemotaxis und Rheotaxis bei Planarien. Z. vergl. Physiol. **3** (1926). — Koehler, O.: Beiträge zur Sinnesphysiologie der Süßwasserplanarien. Z. vergl. Physiol. **16** (1932). — Spiegel, A.: Über die Chemorezeption von *Crangon vulgaris*. Z. vergl. Physiol. **6** (1927).

Der Geschmackssinn von Hirudo.

Die Versuchsanordnung besteht darin, daß kleinere Reagensgläser mit defibriniertem Blut, Kochsalz- (0,1—7%), Rohrzucker- (1—5%), oder Chininsulfatlösung (0,03—0,1%) verschiedener Konzentration (s. vorstehend) gefüllt, dann mit einer tierischen Membran, z. B. enthaartes und dünngeschabtes Tierfell, zugebunden und endlich auf etwa 40° erwärmt werden. Die Membranen werden dann von außen leicht mit Blut bestrichen und die Blutegel an sie angesetzt. Die Versuchsreihe wird an dem blutenthaltenden Röhrchen begonnen. Der Egel saugt sich an und saugt Blut. Kochsalzlösungen bis zu 5—7%, Rohrzuckerlösungen bis zu 5%, Chininsulfatlösungen bis zu 0,08—0,1% werden noch angenommen und gesaugt, höherprozentige Lösungen als die angegebenen jedoch nicht mehr; das Tier läßt dann los und fällt ab. Sollte sich das Tier bei der Übertragung auf die Membran eines anderen Röhrchens oder auch dann nicht mehr ansaugen, wenn das Röhrchen noch Lösungen geringerer Konzentration als die oben als Schwelle angegebenen enthält, so empfiehlt es sich, den Egel mit der alten Membran auf das neue Röhrchen zu übertragen; ein Loslassen des Tieres erfolgt dann erst bei Konzentrationen, die höher sind als die oben als Schwelle angegebenen.

Literatur: Löhner, L.: Über geschmacksphysiologische Versuche mit Blutegeln. Pflügers Arch. **163** (1916).

Bestimmung der chemisch reizbaren Körperstellen und deren relativer Empfindlichkeit bei Helix.

Man läßt eine *Helix* gut ausgestreckt auf einer Glasplatte kriechen. Es wird dann ein mit Senf oder Kamillenessenz (auch „Kamillosan“) bestrichener Glasstab verschiedenen Körperstellen der Schnecke genähert. Nähert man die Reizquelle den Fühlern, so werden diese schon eingezogen, wenn sich die Reizquelle noch etwa 4—5 mm von ihnen entfernt befindet; wir haben hier die höchste Chemo-Empfindlichkeit. Nähert man den Stab einer Stelle des Fußrückens, so erfolgt eine lokale Kontraktion der gereizten Körperstelle. Die Empfindlichkeit ist jedoch stets geringer als am Kopf oder an den Fühlern, was daraus zu ersehen ist, daß die Reizquelle zur Erzielung einer Reaktion hier auf 1—2 mm herangebracht werden muß. Chemisch empfindlich ist der gesamte Fußrücken, am unempfindlichsten (Reizquelle und Haut dürfen höchstens $^1/_2$—1 mm voneinander entfernt sein) ist die Schwanzspitze und die Partie um den Eingeweidesack. Völlig unempfindlich ist die Fußsohle.

Untersuchungen über den Geschmackssinn der Fliegen und Schmetterlinge.

Fliegen (z. B. *Calliphora vomitoria*) werden in der auf S. 20 beschriebenen Weise an einen Metallstab befestigt. Sie werden dann an Aq. dest. gesetzt, wo man sie bis zur Sättigung trinken läßt. Wird den Tarsen ein Wattebäuschchen geboten, das mit Rohr-, Malz-, Milch- oder Traubenzucker- oder Kochsalzlösung oder reinem Wasser getränkt ist, so erfolgt ein Hervorrollen des Rüssels bei Darbietung der Zuckerlösungen, nicht jedoch bei Darbietung der Salzlösung oder des reinen Wassers. Es kann der Schwellenwert für die verschiedenen Zuckerlösungen, die Latenzzeit bei verschieden starken Traubenzuckerlösungen mit der Stoppuhr (die Latenzzeit verkürzt sich mit steigender Konzentration) und das Verhalten der Tiere bei Mischung eines Zuckers mit Kochsalz in verschiedenen Verhältnissen bestimmt werden.

Der Versuch kann auch sehr gut mit gewissen Schmetterlingen, z. B. dem Admiral *(Pyrameis atlanta)* ausgeführt werden.

Literatur: MINNICH, D. E.: A quantitative study of tarsal sensitivity to solutions of saccharose in the red Admiral butterfly. J. of exper. Zool. **36** (1922).

Dressur von Bienen auf Gerüche.

Als Vorbereitung zu dem Versuch werden die Bienen eines Stockes durch Auflegen von honigbestrichenem Papier auf einen in nicht zu großer Entfernung vom Stock aufgestellten Tisch an diesen als Futterplatz gewöhnt. Ist auf dem Tisch ein befriedigend starker Bienenbesuch zu bemerken, so werden auf dem Tisch mehrere unter sich vollkommen gleiche Kartonkästchen von etwa der Größe 10 × 10 × 10 cm aufgestellt, jedes Kästchen besitzt einen Deckel und dicht über dem Boden ein Einflugloch, das ebenfalls in jedem Kasten an genau der gleichen Stelle angebracht werden muß, um optische Unterscheidung der Kästchen zu vermeiden. Durch Herstellen einer Honigspur in eines der Kästchen und Darbietung von Honig in einem Schälchen innerhalb desselben werden die Bienen an eine Futtersuche in den Behältern gewöhnt. Die Kästchen, die Honig enthielten, werden dann gegen neue, geruchlose umgetauscht. In einem der Kästchen wird ein Schälchen mit Zuckerwasser abgestellt und das Kästchen gleichzeitig mit einem Dressurduftstoff versehen; als solchen nimmt man irgendein ätherisches Öl oder sonstige stark duftende Stoffe, z. B. Rosen-, Nelken-, Jasmin- oder Bittermandelöl. Der Dressurduftstoff wird in einem übergitterten Näpfchen derart in dem Kasten angebracht, daß er vom Flugloch aus nicht sichtbar ist, z. B. also auf einem Brettchen über dem Flugloch an der inneren Kastenvorderseite steht. Alle anderen Kästen sind leer und geruchlos. Die Stellung des Dressurkästchens muß innerhalb der Kästchenreihe öfters gewechselt werden, um jegliche andere Orientierungsmöglichkeiten auszuschließen.

Innerhalb weniger Stunden gewöhnen sich die Bienen daran, das Zuckerwasser nach dem Dustftoff aufzufinden. Die Kästchen werden abgeflogen, es wird „hineingerochen". In der Demonstration wird das Dressurkästchen ohne das Zuckerwasser, allein mit dem Dressurduftstoff versehen, neben völlig leeren oder mit anderen Duftstoffen, z. B. Senf, Gurken, Sellerie oder ähnliches versehenen Kästchen geboten. Die Mehrzahl der Bienen sucht den mit dem Dressurduftstoff versehenen Kasten auf.

Literatur: v. Frisch, K.: Über den Geruchssinn der Biene und seine blütenbiologische Bedeutung. Zool. Jb., Physiol. **37** (1919).

Versuche zur Nervenphysiologie.

Coelenteraten.

Versuche mit Aurelia aurita.

Die Versuche können nur mit ganz frisch gefangenen Tieren an der Küste gemacht werden; ein Verschicken ist unmöglich.

1. Schlagfrequenz verschieden großer Tiere. Mehrere Exemplare verschiedenen Alters, d. h. verschiedener Größe, werden in größere Schalen mit Seewasser getan. Es wird die Zahl der Kontraktionen der Subumbrella bei verschieden großen Tieren festgestellt. Es ergibt sich, daß die Zahl der Schläge pro Zeiteinheit, die Schlagfrequenz, bei kleinen Tieren höher ist als bei größeren.

2. Die Randorgane senden zum Schlag führende Impulse aus, die sich allseitig ausbreiten: Das Ausschneiden der Randorgane einer Tierhälfte hat bei größeren Tieren meist eine Herabsetzung der Schlagfrequenz zur Folge, die Impulse laufen von der intakten Seite zur operierten. Der Effekt wird am deutlichsten, wenn man alle Randorgane bis auf einen entfernt.

3. Bei jungen Tieren gehen die Impulse nicht allein von den Randorganen aus: Eine Entfernung sämtlicher Randorgane bewirkt bei ihnen nur weitere Verlangsamung der Frequenz, bei alten Tieren dagegen meist völligen Bewegungsstillstand.

4. Die gegenseitige Beeinflussung der Randorgane. Bei einer *Aurelia* mit nur zwei Randorganen, die entweder gegenständig sind oder, wenn benachbart, durch einen radiären Schnitt voneinander getrennt werden, wird die Zahl der von jedem Randorgan ausgehenden Impulse ermittelt. Entfernt man das langsamer arbeitende Randorgan, so ist auch die Frequenz des anderen herabgesetzt, da eine Reizsummation fortgefallen ist. Entfernt man dagegen das schneller arbeitende, so tritt eine Erhöhung der Frequenz des anderen Randorgans ein, das vorher durch das schnellere gehemmt war.

5. Die stimulierende Wirkung des Lichts. Es wird die Schlagfrequenz einiger längere Zeit (10 Min.) im Dunkeln gehaltener intakter *Aurelien* bei schwachem roten Licht und danach die derselben Tiere nach ebenso langem Aufenthalt im Tageslicht festgestellt. Das Licht wirkt stimulierend, was sich in einer höheren Schlagfrequenz der im Hellen gehaltenen Tiere äußert.

6. Jedes Randorgan sendet rhythmische Impulse aus, der Schlag*rhythmus* beruht nicht auf einem Refraktärstadium der Muskeln. Eine *Aurelia,* der die Randorgane auf einer Seite entfernt worden sind, wird so auf die aneinandergestellten Wände zweier dicht zusammengeschobener kleinerer Aquarien gelegt, daß die intakte Seite in das eine, die randorganlose in das andere Aquarium hängt. Beide Aquarien sind bis zum Rande mit Wasser gefüllt, und zwar das eine mit warmem (etwa 25^0), das andere mit kaltem (etwa 10^0). Es wird die Schlagfrequenz der in dem einen wie auch in dem anderen Aquarium befindlichen Seite festgestellt. Die Hälften schlagen synchron, und zwar um so schneller, je höher die Wassertemperatur in dem die intakte Hälfte der Quelle enthaltenden Aquarium ist. Wäre ein Refraktärstadium der Muskeln die Ursache des Schlagrhythmus, so müßte die Schlagfrequenz jeder im kalten Wasser befindlichen Seite herabgesetzt, jeder im warmem Wasser liegenden dagegen erhöht sein, ohne daß eine Schlagsynchronität in diesen Fällen auftreten dürfte.

7. Der physiologische Nachweis des Nervennetzes und der allseitigen Ausbreitungsmöglichkeit der Impulse. An einer randorganlosen *Aurelia* werden beliebige Einschnitte am Gesamttier ausgeführt. Z. B. Schnitt 1 von der ausgeschnittenen Tiermitte bis kurz vor den Glockenrand; Schnitt 2 daneben vom Glockenrand bis kurz vor die ausgeschnittene Mitte, daneben Schnitt 3 wie Schnitt 1, Schnitt 4 wie Schnitt 2 usw. oder es wird ein nicht ganz geschlossener ringförmiger Schnitt um die Tiermitte oder ähnliche Schnitte in spiraliger Form geführt. Ein Impuls gelangt bei Vorhandensein nur einer schmalen Gewebebrücke von einem Ende des Präparats zum andern.

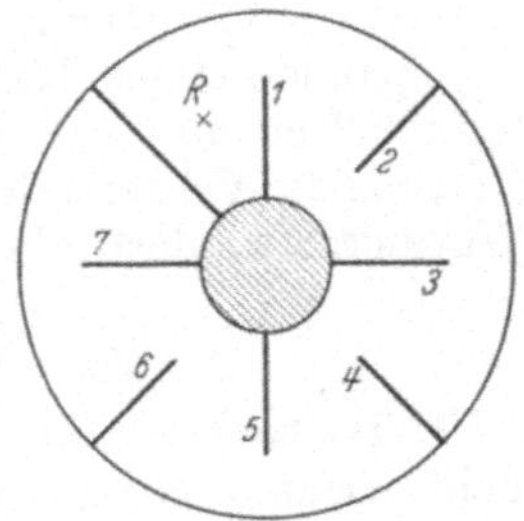

Abb. 22. Schnittführung durch die Glocke von *Aurelia* zum Nachweis der Nervennetzleitung. Nach ROMANES.

8. Die Gleichgewichtsreflexe von Aurelia. Ein Glasstab von etwa 3 mm Durchmesser wird unten knopfförmig erweitert. Über das Rohr wird eine in der Mitte durchlochte Celluloidplatte von etwa 4—5 cm

Durchmesser gesteckt; ihr Herabfallen nach unten verhindert der Knopf am Stabende. Man durchsticht jetzt mit dem Glasstab eine *Aurelia*

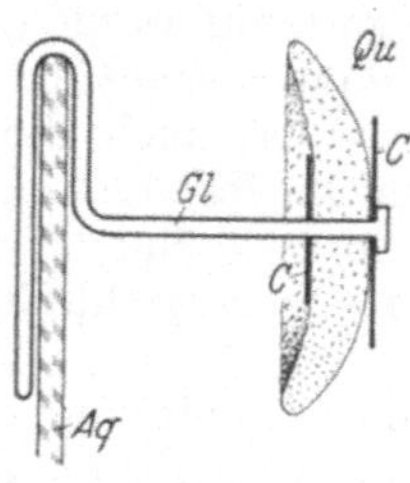

Abb. 23. Anordnung zum Nachweis der Gleichgewichtsfunktion der Randkörper. *Aq* Aquariumswand, *Gl* Glasstab, *C* Celluloidscheiben, *Qu* Qualle.

in der Mitte und streift sie den Stab hinab, so daß sie auf die Celluloidplatte zu liegen kommt. Evtl. kann man jetzt noch eine zweite Celluloidplatte von derselben Ausführung auf den Stab stecken, so daß die Qualle, zwischen beiden Platten liegend, mittels des Stabes in einem größeren Aquarium in jede Lage „gestellt" werden kann. Stellt man den Stab horizontal, so daß die Hauptachse des Tieres waagrecht steht und stellt jetzt die Schlagfrequenz auf der gesenkten und der erhöhten Seite fest, so bemerkt man, daß die eine Seite, und zwar gewöhnlich die untere, rascher schlägt als die andere. Das Tier ist bestrebt, seine normale Horizontallage wieder einzunehmen.

Literatur: Bozler, E.: Sinnes- und nervenphysiologische Untersuchungen an Scyphomedusen. Z. vergl. Physiol. 4, 1 (1926). — Horstmann, E.: Nerven- und muskelphysiologische Studien zur Schwimmbewegung der Scyphomedusen. Pflügers Arch. 234, 4 (1934). — Untersuchungen zur Physiologie der Schwimmbewegungen der Scyphomedusen. Pflügers Arch. 234, 4 (1934). — Romanes, J. J.: Jellyfish, Sturfish and *Sea urchins* being a research on primitive nervous systems. Internat. Sci. Ser. 1893.

Würmer.

Versuche mit Planarien.

Es wird die normale Fortbewegung beobachtet: Das Gleiten. Die Versuchsanordnung besteht aus einer flachen Petrischale mit wenig Wasser. Kopflose Tiere (Abschneiden des Vorderendes) oder ausgeschnittene Mittelstücke reagieren in der gleichen Weise. Auf eine (mechanische, mittels einer Nadel oder ähnliches) Reizung des Hinterendes tritt ein spannerartiges Kriechen auf, wobei das Vorderende saugnapfartig festgeheftet und der Hinterleib rhythmisch nachgezogen wird. Eine Reizung des Vorderendes bewirkt kein Rückwärtskriechen, wie bei höheren Würmern, sondern ein Ausweichen nach rechts oder links.

Zur Nervenphysiologie von Hirudo.

1. Beobachtung der normalen Bewegungen. Schwimmen und Gehen. Fehlt beiden Saugnäpfen eine Berührungsfläche, so tritt Schwimmbewegung auf. Dies kann leicht dadurch demonstriert werden, daß ein Tier in ein mit Wasser gefülltes Aquarium geworfen wird. Das Tier schwimmt sofort und zeigt die für die Schwimmbewegung charakteristische dorsoventrale Abflachung des ganzen Körpers; diese kommt durch eine Kontraktion der Dorsoventralmuskeln zustande.

Berührt einer der beiden Saugnäpfe eine feste Fläche, z. B. die Aquariumswand, so erlischt die Schwimmbewegung sofort und es tritt das spannerartige Gehen auf. Es läßt sich gut beobachten, daß bei Anheftung des vorderen Saugnapfes ein Loslassen des hinteren und eine Kontraktion der Längsmuskeln erfolgt; heftet sich dagegen der hintere Saugnapf an, so läßt der vordere los und das Tier streckt sich, d. h. die Ringmuskeln kontrahieren sich und die Längsmuskeln erschlaffen. Die für die Schwimmbewegung charakteristische dorsoventrale Abflachung des Tieres ist wegen der Erschlaffung der Dorsoventralmuskeln ebenfalls nicht mehr bemerkbar. Das Tier vermag auch nicht zu schwimmen, wenn man dem hinteren Saugnapf z. B. ein kleines Deckgläschen zu fassen gibt und das Tier so ins Wasser wirft; es sinkt unter diesen Umständen zu Boden.

Es ist zu bemerken, daß die Bewegungen des Blutegels nicht auf segmentalen Reflexen beruhen: Streckung bzw. Kontraktion erfolgen beim ganzen Tier nahezu gleichzeitig und nicht etwa in Form einer peristaltischen Welle wie etwa beim Regenwurm. Während die Gehbewegung auf einem Antagonismus von Längs- und Ringmuskeln beruht, beruht die Schwimmbewegung auf einem Antagonismus der dorsalen und ventralen Längsmuskeln.

Im Anschluß an diese Beobachtungen kann festgestellt werden, das Wievielfache seines Gewichts ein Blutegel zu heben vermag. Dazu wird das Tier selbst zunächst gewogen. Man läßt es sich darauf mit dem vorderen Saugnapf an einem Glasstab ansaugen, was eine Kontraktion des Tieres bzw. seiner Längsmuskeln zur Folge hat, und verhindert, daß sich der hintere Saugnapf auch festheftet. An diesen werden mittels eines durch ihn gezogenen Häkchens (S-förmig gebogene Stecknadel) an Zwirnfäden solange Gewichte angehängt, bis sich das Tier streckt, also nicht mehr tragen kann.

2. Einseitige Entfernung des Oberschlundganglions. Die Operation wird wie beim Regenwurm ausgeführt (s. S. 44). Der Körper der in Ruhe befindlichen Tiere weist eine Krümmung auf, bei der die operierte Seite die konvexe ist. Das operierte Tier zeigt sich lebhafter als das normale; wie bei totaler Entfernung des Oberschlundganglions (s. unten) treten Suchbewegungen auf, bei denen die intakte Seite bevorzugt wird. Außerdem ist beim Gehen eine Kreisbewegung zur intakten Seite hin bemerkbar. Die gleichen Tendenzen, zur intakten Seite abzuweichen, machen sich auch bei der Schwimmbewegung bemerkbar.

3. Beiderseitige Entfernung des Oberschlundganglions. Das derart operierte Tier fällt gegenüber dem normalen durch seine Unruhe auf; diese äußert sich entweder durch besonders starke Erregbarkeit (lebhafte, schlagende Bewegungen als Reaktion auf Berührung) oder durch die Suchbewegungen, bei denen das Vorderende vor und aufwärts, von der Unterlage ab, frei in die Luft gestreckt wird. Das Gehen an sich zeigt keine prinzipiellen Unterschiede gegenüber dem des normalen Tieres; die Muskelkontraktionen, und damit die Schritte, scheinen jedoch rascher aufeinander zu folgen. Ins Wasser geworfen, schwimmen die Egel, denen das Oberschlundganglion beiderseitig entfernt wurde, dauernd in einer senkrecht stehenden Kreisbahn. Die Schwimmbewegung geschieht rascher als beim vollkommen intakten Tier; die Zahl der Schwimmschläge pro Zeiteinheit ist bei dem operierten Egel erhöht.

Das Oberschlundganglion wirkt also auch bei *Hirudo* hemmend.

4. Entfernung des Unterschlundganglions. Das Unterschlundganglion wird am besten durch eine der Entfernung des Oberschlundganglions entsprechende Operation, nämlich einen jetzt ventralen Einschnitt in den Hautmuskelschlauch, entfernt. Zur Not kann es auch durch Köpfung des Tieres entfernt werden. Die derart operierten Egel zeigen meist keine Spontanbewegungen mehr. Die schwachen Muskelkontraktionen, die sich beobachten lassen, sind als lokale Reaktionen auf Berührungsreize aufzufassen. Das Unterschlundganglion könnte man also als Erregungszentrum für die Gehbewegungen ansehen. Wenn schwache Berührungsreize nur lokale Muskelkontraktionen bewirkten, so kann unter dem Einfluß starker Berührungsreize eine Gehbewegung auch vom Bauchmark aus herbeigeführt werden. Es setzt dann wie beim intakten Egel eine Ringmuskelkontraktion am Vorderende ein, und dasselbe wird dann ohne jede Suchbewegung in jener Richtung vorgeschoben, in der es zufällig liegt. Nach der Streckung wird der Mundsaugnapf auf die Unterlage gepreßt, kann sich aber auf Grund des Fehlens des Unterschlundganglions nicht mehr festsaugen. Schwimmen tut ein des Unterschlundganglions beraubter Egel wie ein normaler, nur zeigt das Vorderende nicht mehr die für das Schwimmen charakteristische dorsoventrale Abflachung.

5. Durchschneidung des Bauchmarks. Die Durchschneidung geschieht, indem auf der Ventralseite nicht zu oberflächlich ein Querschnitt gemacht wird oder indem man das Tier zunächst mit Äther leicht betäubt, im Wachsbecken feststeckt und dann einen kurzen ventralen Längsschnitt im Hautmuskelschlauch anlegt. Die Muskulatur wird dann zur Seite gebogen und das Bauchmark unter Schonung der Darmwand durchtrennt. Bei Anlegung nur eines Querschnittes aufs Geratewohl in der Ventralseite wird der Darm meist mit angeschnitten. — Das Schwimmen ist nach der Durchschneidung nicht erloschen, wohl aber die Gehbewegung. Die Saugnäpfe erhalten voneinander keine „Nachricht“ mehr, es resultiert also ein Schwimmen, genau wie bei fehlender Berührung beider Saugnäpfe. Das Kriechen kann nicht mehr auftreten, da bei Berührung eines Saugnapfes dieser Reiz nicht mehr geleitet wird. Ein Egel, dem das Bauchmark durchschnitten wurde, zeigt hinter der Schnittstelle auch mit festgeheftetem Saugnapf die für das Schwimmen charakteristische dorsoventrale Abplattung. — Geköpfte Tiere bleiben vielfach in kontrahiertem Zustande mit dem hinteren Saugnapf festgesaugt.

Literatur: SCHLÜTER, E.: Die Bedeutung des Zentralnervensystems von *Hirudo*. Z. Zool., Abt. A **143** (1933).

Zur Bewegungsphysiologie des Regenwurms.

Die Beobachtung erfolgt, wo nichts anderes vermerkt ist, auf einem mit feuchtem Fließpapier bedeckten Tisch.

1. Die Beobachtung des normalen Tieres. Es wird auf die Kontraktionswellen des kriechenden Tieres aufmerksam gemacht, ferner auf die Fähigkeit, vorwärts und rückwärts zu kriechen, sowie auf den Zuckreflex, der nach mechanischer, chemischer (Betupfen mit schwacher Säure) oder elektrischer Reizung des einen Körperendes auftritt. Beachtet wird die Normalstellung der nach hinten gerichteten Borsten durch Überstreichen des Wurms mit dem Finger von vorn nach hinten (Borsten nicht fühlbar) und von hinten nach vorn (Borsten fühlbar).

Veranschaulichung der Zusammenarbeit von Kontraktionswellen und Borstenstellung bei der Fortbewegung des Tieres. Ein Regenwurm wird mittels eines durch die Schwanzspitze gezogenen S-förmigen Häkchens, das aus einer Stecknadel gebogen wurde, kopfunter an einem Stativ aufgehängt und ihm dann ein kleines feuchtes Fließpapierstückchen (etwa 2 qcm) an das Vorderende angelegt. Das Papierstückchen wandert in kurzer Zeit schwanzwärts, also den Wurm „hinauf", da es durch jede Kontraktionswelle ein Stückchen weiter hinaufgeschoben wird, wo es dann von den nach hinten gestellten Borsten festgehalten und am Kopfwärtsgleiten verhindert wird. — Oftmals tritt bei der Befestigung des Wurms an der Nadel oder bei deren Anhängung an das Stativ Autotomie des Hinterendes ein. Es muß dann die Nadel noch einmal an dem jetzigen Hinterende eingefügt oder ein neues Tier genommen werden.

2. **Der Antagonismus zwischen Längs- und Ringmuskeln.** Über einige Segmente hinweg wird in den Hautmuskelschlauch des Wurmes ein dorsaler Längsschnitt gemacht und der Wurm über Fließpapier kriechen gelassen. Die Wundstelle wird mit physiologischer Kochsalzlösung oder Ringerlösung feucht gehalten. Bei der Streckung des Wurms in der Region der operierten Segmente öffnet sich die Schnittstelle (Längsmuskelerschlaffung, Ringmuskelkontraktion), während sie sich bei der Kontraktion des Tieres schließt bzw. verengert (Längsmuskelkontraktion, Ringmuskelerschlaffung).

3. **Leitung der peristaltischen Bewegung durch das Bauchmark.** Der Wurm wird schwach mit Äther betäubt und ein dorsaler Längsschnitt von etwa 1—1$^1/_2$ cm Länge in den Hautmuskelschlauch angelegt. Der Darm und die Mesenterien werden in den aufgeschnittenen Segmenten entfernt und die Körperwand nach außen gebogen und evtl. an dieser Stelle auf dem Boden einer Wachsschale mit Igelstacheln festgesteckt. Nach Erwachen des Tieres sind die Koordination und der Muskelantagonismus erhalten.

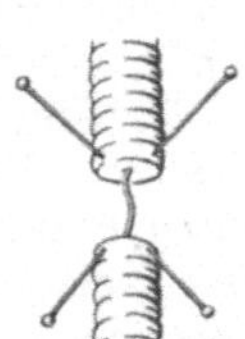

Abb. 24. Regenwurmpräparat mit freigelegter Bauchmarkstrecke.

Bei einem zweiten Wurm wird die gleiche Operation ausgeführt, nur werden jetzt auf einer Strecke von 1—1$^1/_2$ cm alle Organe, also auch der Hautmuskelschlauch, bis auf das Bauchmark („Bauchmarkbrücke" zwischen Vorder- und Hintertier) und evtl. etwas Darm entfernt. Vor und hinter der Bauchmarkbrücke müssen die beiden Regenerationsstücke mit Nadeln festgesteckt werden, um Zerrungen des Bauchmarks zu vermeiden. Die nervös durch das Bauchmark gewährleistete Koordination ist erhalten, wenn das Tier erwacht und zu kriechen beginnt bzw. wenn peristaltische Wellen über den Wurm laufen. Der Versuch ist schwierig und gelingt nicht immer.

4. **Koordination zwischen Vorder- und Hintertier durch den Zug der vorangehenden Segmente auf die hinteren** (FRIEDLÄNDERs Versuch). Der Wurm wird in der Mitte durchgeschnitten und die getrennten Stücke mittels eines dünnen Fadens verbunden, indem dieser mit einer chirurgischen Nadel an den Schnittstellen durch den Hautmuskelschlauch gezogen und dann verknotet wird. Man läßt das Tier kriechen und sieht, daß die Kontraktionswellen, wenn sie am Ende des Vordertieres angekommen sind, nach kurzer Latenzzeit auf das Hintertier

übergreifen. Die Koordination des Gesamttieres ist also nicht gestört. Der Versuch beweist, daß die Koordination auch durch mechanischen Zug von Segment zu Segment gewährleistet werden kann.

5. Der Einfluß von Ober- und Unterschlundganglion auf den Muskeltonus und die Reizbarkeit des Tieres. Der Wurm wird leicht mit Äther betäubt und der Hautmuskelschlauch am Kopfende nach Feststeckung des Tieres im Wachsbecken dorsal entfernt und das Oberschlundganglion durch Zerquetschen mit der Pinzette oder Ausschneiden mit einer feinen Schere zerstört. Nach dem Erwachen zeigen sich meistenteils eine im Vergleich zum normalen Tier vermehrte Spontanbewegungen und die Neigung, sich vorn dorsalwärts einzukrümmen. Dem Tier werden jetzt auch die Unterschlundganglien entfernt. Es tritt nunmehr eine Tendenz zur ventralen Einkrümmung auf und die Spontanbewegungen nehmen wieder ab. Das Oberschlundganglion wirkt also hemmend, die Unterschlundganglien erregend.

6. Die Funktionsteilung zwischen den einzelnen Ganglien des Bauchmarks. Eine mechanische Reizung des Vorderendes hat Rückwärtskriechen zur Folge; dieser Effekt kann auch dadurch erzielt werden, daß die Schnittstelle eines Wurms, dem die vorderen Segmente (äußerstenfalls bis zum Clitellum) fortgeschnitten sind, mechanisch gereizt wird; fehlen noch mehr vordere Segmente, so tritt auf den vorn an der Schnittstelle gesetzten Reiz kein Rückwärtskriechen mehr auf.

7. Die Abhängigkeit des Tonus des Hautmuskelschlauches vom Nervensystem. Vorsichtige mechanische Reizung, z. B. ein leichtes Pinseln, einer eng begrenzten Stelle des Hautmuskelschlauches bewirkt eine mit der Reizdauer zunehmende Erschlaffung der Längs- und Ringmuskeln, die sich in einer knotenförmigen Verdickung des Wurms an der gereizten Stelle äußert. Bei bauchmarklosen Stücken tritt dagegen auf den gleichen Reiz hin eine Kontraktion der betreffenden Stelle des Hautmuskelschlauches auf.

8. Auslösung der Peristaltik durch periphere Reize. Überstreichen des Wurms mit einem Pinsel von vorn nach hinten hat Einsetzen der Peristaltik, Streichen von hinten nach vorn Wiedererlöschen derselben zur Folge.

Eine Dehnung der Haut wirkt einem in den Bauchganglien offenbar vorhandenen peristaltikhemmenden Reiz entgegen, löst diese Hemmung oder hemmt die von den Ganglien ausgehende hemmende Erregung (s. auch unter 4.): Durch die Mitte des Wurms werden an zwei voneinander nicht allzu weit entfernten Stellen zwei Stecknadeln gesteckt, das von ihnen begrenzte Wurmstück durch Voneinanderabziehen der Stecknadeln gestreckt und in diesem Zustand auf dem Boden eines Wachsbeckens festgesteckt. Die an der vorderen Nadel ankommende Verdickungswelle passiert die gedehnte Strecke mit größerer Geschwindigkeit als eine gleichlange ungedehnte, was durch den Vergleich von Stoppuhrmessungen festgestellt wird.

Der Gegenversuch ist der, daß ein Glasröhrchen von dem Durchmesser eines mäßig kontrahierten Wurms in der Länge von 10—15 Segmenten über den mittleren Wurmteil geschoben wird und der Wurm kurz vor und hinter dem Röhrchen mit Stecknadeln durchstochen wird

und nun beide Nadeln gegen die Röhrchenöffnungen gepreßt werden,
so daß eine Verlängerung der in dem Rohr befindlichen Segmente des
Wurms verhindert wird. Laufen peristaltische Wellen über den Wurm,
so gelangt beispielsweise eine Verdünnungswelle bis zur ersten Nadel,
kommt jedoch hinter der zweiten meist nicht mehr zum Vorschein,
erstirbt also in dem Röhrchen, erscheint jedoch, wenn auch verlangsamt,
wieder, wenn dem Verdünnungsdruck durch Entfernen beider Nadeln
voneinander nachgegeben wird.

9. Aufhebung der Peristaltik durch Narkose. Legt man einen Wurm
4—5 Min. lang in 3—4%igen Äther und beobachtet dann die Peristaltik,
so zeigt sich, daß die Verdünnungs- und Verdickungswellen nicht mehr an
einem Ende beginnen und dann über den ganzen Körper laufen, sondern
daß alle Segmente sich fast gleichzeitig verkürzen und gleichzeitig ver-
längern.

**10. Eine Verdünnungswelle unterdrückt andere, gleichzeitig auf-
tretende.** Das Mittelstück eines intakten Tieres wird in dem Augenblick,
wo vorn eine Verdünnungswelle etwa das erste Tierdrittel erreicht hat,
mittels zweier in einigem Abstand durch den Wurm gesteckter Stecknadeln, die voneinander fortgezogen werden, gedehnt bzw. gestreckt;
die vordere Welle erlischt dann, während die künstlich erzeugte „Verdünnungswelle" über das Schwanzende weiterfließt.

Die Leitungsgeschwindigkeit im Bauchmark von Lumbricus.

Versuchsanordnung: Ein geköpfter Regenwurm wird auf einem Brettchen von etwa 5×15 cm Größe mit vorn und hinten durch den Körper
gesteckten Nadeln festgesteckt (vorn etwa drei Seg-
mente hinter der Schnittstelle, hinten etwa zehn
Segmente vor der Schwanzspitze). Durch die Schwanzspitze wird ein S-förmiges, aus einer Stecknadel gebogenes Häkchen gestochen, dessen andere Windung
quer durch die Mitte eines Strohhalms führt, der sich
an eine quer durch die Mitte seines hinteren Abschnittes
auf das Brettchen gesteckte Stecknadel (bei Betrachtung des aufgesteckten Wurmes rechts unten am Brett)
als Achse drehen kann und in einem Spalt seines
Vorderendes eine aus Papier geschnittene Schreibspitze
trägt. Diese bewegt sich bei Kontraktionen des Wurms
(das Brettchen wird senkrecht gestellt) nach oben, bei
Dehnungen nach unten. Das Brettchen wird nun
mittels einer Klemmschraube an das Stativ eines
Rotations- oder Schleuderkymographions senkrecht so
befestigt, daß die Schreibspitze des Strohhalms die berußte Trommel gerade berührt. Eben unter der Stroh-
halmschreibspitze wird die einer elektromagnetischen
Stimmgabel von 50—100 Schwingungen/Sekunde, die

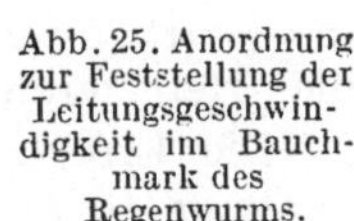

Abb. 25. Anordnung
zur Feststellung der
Leitungsgeschwin-
digkeit im Bauch-
mark des
Regenwurms.

ebenfalls an das Kymographionstativ angeschraubt wird, genau unter ihr
ebenfalls mit der Rußtrommel in Berührung gebracht. In das Vorderende des Wurms führt man jetzt zwei Elektroden einer Reizgabel ein,
die mittels einer Klammer an einem danebenstehenden Stativ gehalten

wird. Die Stromschaltung ist folgende: Von dem einen Akkupol (2 bis 4 Volt) wird je ein Draht zu der einen Stimmgabel- und der einen Reizelektrode geleitet, von dem anderen Pol ein Draht zu einem Stromschlüssel, von diesem je ein Draht zu der anderen Stimmgabel- und der zweiten Reizelektrode. Die Trommel wird in Rotation versetzt und der Strom am Stromschlüssel geschlossen. Die Stimmgabel beginnt zu schwingen, gleichzeitig wird das Bauchmark vorn durch die Reizelektroden gereizt. Nach einer gewissen Latenzzeit tritt eine Zuckung des Schwanzes ein (Zuckreflex), der Strohhalm schwingt hoch. — Von der Trommel kann jetzt abgelesen werden, wieviel Zeit nach Reizbeginn, also nach dem Einsetzen der Stimmgabelschwingungen, die Schwanzzuckung einsetzte. Diese Zeit, zur Länge der vom Reiz durchlaufenen Bauchmarkstrecke (Reizelektrode-Schwanzhäkchen) in Beziehung gesetzt und auf volle Sekunden ausgerechnet, ergibt die Leitungsgeschwindigkeit im Bauchmark. Sie beträgt bei 20⁰ Zimmertemperatur etwa 5 m/sec.

Literatur: v. HOLST, E.: Untersuchungen über die Funktionen des Zentralnervensystems beim Regenwurm. Zool. Jb., Physiol. **51** (1932).

Versuche zum Zuckreflex der Regenwürmer.

Material. Bei weitem am besten eignet sich *Eisenia rosea.*

Man läßt das Tier auf einem auf den Tisch gesteckten großen Stück Papier kriechen.

a) Der Kopfzuckreflex. Reizt man mit einem schwachen Einzelinduktionsschlag an den ersten Segmenten, so beobachtet man, daß sich die vorderen Segmente von der Reizquelle fort, die hinteren auf die Reizquelle zu bewegen. Die Grenze zwischen diesen beiden Bewegungsrichtungen ist das Clitellum: Legt man quer über das erste Segment hinter dem Clitellum eine Borste, so gewahrt man, daß diese sich auf den Reiz kopfwärts bewegt; wird die Borste dagegen auf das unmittelbar vor dem Clitellum gelegene Segment gelegt, so zuckt sie schwanzwärts. (Diese Verhältnisse können sich um einige wenige Segmente verschieben.)

Die Lage dieser Grenze ist von der Intaktheit der Ganglien abhängig: Schneidet man die ersten 5 Segmente des Tieres mit einem scharfen Scherenschlage ab und reizt nun an der Wundstelle (Pause von einigen Minuten nach der Operation!), so bewegen sich vielmehr Segmente vom Reizort fort, da Ober- und Unterschlundganglion stark hemmend und die Ganglien des 6.—12. Segments stark fördernd auf die Erregung wirken; die Lage der Reflexgrenze ist jetzt etwa zwischen dem 20. bis 25. Segment hinter dem Clitellum (Borste!). Entfernt man jetzt noch die (stark fördernden) nächsten 6 Segmente (6.—12. Segment), so liegt die Reflexgrenze unmittelbar hinter der Wundstelle (16. Segment).

Die Erregung fließt von den ersten Segmenten zu dem jeweiligen Zentrum, ohne daß zunächst eine Reaktion wahrgenommen wird; in diesem Zentrum wird die Erregung in die motorischen Bahnen geleitet und alle Segmente kontrahieren sich dann auf das Zentrum zu: Der Beweis wird so geführt, daß man den Wurm, je nach Größe, für 10—20 Minuten in 5%igen Alkohol legt. Das Tier darf nicht vollkommen bewegungslos sein. Die Erregbarkeit ist erhalten, der Reflexablauf geschieht jedoch sehr langsam. Reizt man einen derart halb betäubten Wurm vorn, so sieht man, wie zunächst gar keine Reaktion auftritt (die Erregung läuft auf den sensiblen Bahnen zu dem jeweiligen Zentrum, beim unoperierten Tier also zum Clitellum) und wie dann die zentrenwärts gerichtete Kontraktion an den dem Zentrum unmittelbar benachbarten Segmenten beginnt und immer weiter terminalwärts gelegene Segmente ergreift.

An einem hinter dem Clitellum abgeschnittenen Hinterende ist bei Reizung an der Wundstelle der typische Kopfzuckreflex nicht mehr auszulösen. Alle Segmente kontrahieren sich auf die Reizquelle zu. Während also die ersten Operationsversuche einen Unterschied innerhalb der Ganglien des Vordertieres auftaten, beweisen diese Versuche, daß auch zwischen den Ganglien von Vorder- und Hintertier (Grenze ist das Clitellum) ein funktioneller Unterschied besteht.

b) Der Schwanzzuckreflex. Ein intaktes Tier wird mit immer steigenden Reizstärken am Schwanz gereizt. Im Gegensatz zum Kopfzuckreflex zucken bei schwachen und mittleren Reizstärken die Segmente nur vom Reizort fort. Das Vorderende des Tieres liegt im allgemeinen ruhig. Es wird festgestellt, wieviel Segmente bei jeder Reizstärke zucken (je stärker der Reiz, desto mehr Segmente zucken) und daß auch hier die Zuckung nicht am Schwanz, sondern an dem vordersten noch zuckenden Segment beginnt. Auch hier also ein Reflexbogen mit sensiblen und motorischen Bahnen. — Hier kann gezeigt werden, daß die Ganglien einander beeinflussen, das Bauchmark also eine funktionelle Einheit bildet: Schneidet man vom Vorderende einige Segmente ab, so zucken bei Reizung am Schwanz weniger Segmente als bei gleichartiger und gleichstarker Reizung des normalen Tieres. (Die Feststellung der Zahl der reagierenden Segmente geschieht am besten derart, daß man nach einem Vorversuch, der die ungefähre Grenze der zuckenden Region angibt, bei einem zweiten Versuch das letzte nach vorne zu noch zuckende Segment mit einem feinen in Tusche getauchten Pinsel markiert und dann schwanzwärts abzählt.)

Literatur: v. STUDNITZ: „Der Zuckreflex der Regenwürmer", noch unveröffentlicht.

Versuche mit Polychaeten.

a) Arenicola. Die Tiere werden in feuchtem Kies, nicht in reinem Seewasser, gehalten und können in diesem bei kühlem Wetter auch ins Binnenland verschickt werden.

Das normale Vorwärts- und Rückwärtskriechen, welch letzteres bei Reizung des Vorderendes eintritt, wird beobachtet. Als Versuchsanordnung dient hierzu eine große Glasschale mit Seewasser, in der sich eine Glasröhre mit ausreichend weitem Durchmesser, der den des Wurmes etwas übertreffen soll, befindet; das Tier wird in die Glasröhre hineingetan. Bei der Lokomotion läuft eine Verdickungswelle von vorn bzw. hinten (beim Rückwärtskriechen) über den ganzen Körper, gefolgt von einer Verdünnungswelle. Bei der Vorbewegung beginnt die Welle dicht hinter dem Kopf, bei der Rückwärtsbewegung an der Grenze zwischen Schwanz und Rumpf. Die Bewegung erfährt eine Unterstützung durch die hebelnde Wirkung der nach vorn und seitlich ausgreifenden und dann nach hinten sich umlegenden Parapodien. Die Erregungsleitung ist ausschließlich zentral: Das Setzen einer Bauchmarklücke durch vorsichtiges Einstechen mit einer dünnen glühenden Nadel (es darf kein Loch entstehen, das nicht sofort durch die lokalen Kontraktionen des Hautmuskelschlauches wieder geschlossen werden könnte, da dann die Leibeshöhlenflüssigkeit ausläuft!) hat die Aufhebung der Koordination zwischen Vorder- und Hintertier zur Folge; in einzelnen Fällen kann die Welle über die Bauchmarklücke hinweggehen, erlischt dann jedoch bald.

Die Bohrbewegung. Das Tier wird frei in eine geräumige tiefere Schale mit Seewasser und sandbedecktem Boden getan. Es zeigt sich eine am Rumpfende beginnende Kontraktion der Längsmuskeln, der die Ringmuskeln nur wenig nachgeben, wodurch die Leibeshöhlenflüssigkeit unter erhöhten Druck kommt. Die Kontraktionswelle schreitet bis zum 4. bis 5. Segment vor. Es folgt ihr eine Verdünnungswelle mit nach hinten umgelegten Borsten, so daß eine Verlängerung des Körpers auftritt. Dann wird der Vorderkörper senkrecht auf den Boden aufgesetzt und der Rüssel vorgestülpt. Der Impuls für die Einbohrbewegung kommt von vorn: Bei Setzung einer Bauchmarklücke beginnt die Verdickungswelle unmittelbar vor der Schnittstelle, nicht mehr an der Schwanz-Rumpfgrenze.

Der Einfluß der einzelnen Körperregionen auf die Stellung der Parapodien. Das Bauchmark wird in der Tiermitte durchbrannt. Die vor der Wundstelle gelegenen, gewöhnlich nach hinten gerichteten Parapodien stellen sich nach vorn um. Diese Erscheinung wird durch einen vom vorderen Bauchmark ausgehenden Impuls bewirkt, denn Durchbrennung des Bauchmarks an einer zweiten, kopfwärts von der ersten Wundstelle gelegenen Stelle hat Wiederumstellung der Parapodien in dem von den beiden Wundstellen begrenzten Bezirk zur Folge. Befindet sich die zweite Brennstelle vor dem 7. Segment, so bleibt der letztere Effekt aus. Eine Köpfung des Tieres beeinflußt diesen Versuch nicht.

Literatur: JUST, BR.: Über die Muskel- und Nervenphysiologie von *Arenicola marina.* Z. vergl. Physiol. **2** (1925).

b) Nereis. Die normalen Tiere werden zunächst in einer großen, mit Seewasser gefüllten Glasschale beobachtet. Die Lokomotion besteht großenteils in einer Schlängelbewegung, die durch den Antagonismus der Längsmuskeln der beiden Seiten entsteht, unterstützt durch die sich abstemmenden Parapodien. Mechanische Reizung des Vorderendes hat die Umstellung der Parapodien nach vorn, die des Hinterendes eine solche nach hinten zur Folge.

Die Bauchmarkdurchschneidung, die wie bei *Hirudo* ausgeführt wird (s. S. 42), hebt die Koordination zwischen den beiden Tierhälften auf. Geköpfte Würmer zeigen die Tendenz, rückwärts zu kriechen, was als eine Hemmung der Rückwärtsbewegung durch die Kopfganglien verstanden werden muß.

Würmer, denen das Oberschlundganglion entfernt wurde (die Operation wird wie bei *Lumbricus* ausgeführt; s. S. 44), zeigen mehr spontane Vorwärtsbewegung als geköpfte; das Unterschlundganglion ist also als Erregungszentrum anzusehen.

Mollusken.

Der Schalenschließreflex der Muscheln.

Material: *Mytilus, Unio* oder *Anodonta*. Die Tiere werden in eine flache Schale mit See- *(Mytilus)* bzw. Süßwasser *(Unio, Anodonta)* eingelegt. Wenn sich die Tiere beruhigt haben, so daß die Schalenränder gut klaffen und der Mantelrand gut sichtbar ist, wird dieser mit einer Nadelspitze gereizt. Es erfolgt sofort Schalenschluß.

Der Schalenöffnungsreflex der Muscheln.

Material: *Mytilus, Unio* oder *Anodonta*. Mit einer Dreikantfeile wird ein mäßig großes rundes (Durchmesser etwa 1 cm) oder quadratisches (Seitenlänge etwa 1 cm) Stück aus einer Schalenklappe etwas unterhalb der Schalenmitte ausgefeilt und das nun freigelegte Mantelstück herausgeschnitten. Mit einem stumpfen Instrument, z. B. einer Sonde, einem Lidhaken oder auch einem hölzernen Skalpellgriff fährt man durch das Loch unter die Schale und reibt bzw. bestreicht leicht die Mantel*innen*seite auf weitere Strecken vor, hinter und unter der Eingriffstelle. Nach einer meist ziemlich langen Latenzzeit, die bis 1 Min. lang sein kann, öffnet die Muschel die Schalen; es ist besonders der Schalenhinterrand zu beachten. Am deutlichsten ist der Effekt bei *Mytilus*, bei der die Schalen auch längere Zeit geöffnet bleiben, oft bis zu weiterer mechanischer Reizung des Mantelrandes (s. vorstehenden Versuch), während *Unio* und *Anodonta* ihre Schalen häufig alsbald ohne sichtbare äußere Ursachen wieder schließen.

Die Bedeutung der Ganglien für den Schließreflex.

Material: *Mytilus, Unio* oder *Anodonta*. Der Muschel wird die vordere Hälfte der einen Schalenklappe abgefeilt und der Vorderteil des in der anderen Schalenklappe liegenden Tieres abgeschnitten, womit auch das Cerebralganglion entfernt wird. Die Operation kann natürlich auch sorgfältiger ausgeführt werden und die Cerebralganglien allein herausgeschnitten werden; es ist dies aber schwieriger. Die Muschel wird dann in frisches Wasser zurückgelegt. Die Schalen öffnen sich nach geraumer Zeit, und bei mechanischer Reizung des Mantelrandes (s. oben) zeigt sich, daß der Schalenschließreflex nicht erloschen ist; er läuft jetzt nicht über das Cerebral-, sondern nur über das Visceralganglion.

Die autonomen Bewegungen des Fußes, des Mantels und des Velums.

Material: *Mytilus, Unio* oder *Anodonta*. Die Schließmuskeln der Muscheln werden durchschnitten, indem man mit einem Messer zwischen Schale und Mantel fährt und das Messer eng an der Innenfläche der einen Schalenhälfte um die Schale herumführt. Die eine Schalenhälfte läßt sich nun abheben. Der Fuß, das Velum und ein größeres Stück Mantel mit Mantelrand werden ausgeschnitten und in Wasser zurückgelegt und beobachtet. Evtl. muß mechanisch gereizt werden. Sowohl der Fuß als auch Velum und Mantelrand vermögen noch nach Abtrennung vom Körper, also den Cerebral- und Visceralganglien, (autonome) Kontraktionen und Dehnungen auszuführen. Bedeckt man einige abgeschnittene Füße von

Mytilus, die noch das Pedalganglion enthalten, in einer Glasschale mit Seewasser mit einer Glasscheibe, so kann man am nächsten Tage häufig beobachten, daß Spinnfäden gezogen worden sind.

Literatur: WOORTMANN, KL. D.: Beiträge zur Nervenphysiologie von *Mytilus edulis.* Z. vergl. Physiol. 4 (1926).

Die Kriechbewegung von Helix, Littorina und Limax.

Helix und *Limax* werden auf einer angefeuchteten Glasplatte, *Littorina* an der Wand eines mit Seewasser gefüllten Aquariums kriechen gelassen. In das Gehäuse eingezogene *Helix* können durch Einwerfen in lauwarmes Wasser oder durch sanftes Bestreichen der Fußsohle mit den Fingerballen oder auch durch Anhauchen zum Kriechen veranlaßt werden. Die auf der Glasplatte kriechenden Tiere können durch Hochheben der Platte und Betrachtung von unten gut beobachtet werden. Die Kontraktionswellen nehmen bei *Helix* die ganze Sohlenbreite ein, bei *Limax* nur die Sohlenmitte, bei *Littorina* die Sohlenseiten längs einer in der Sohlenmitte verlaufenden Trennungslinie. Die Wellen laufen von hinten nach vorn. Bei *Littorina* werden die beiden Sohlenhälften abwechselnd vorgesetzt: ditaxische Bewegung.

Legt man bei *Helix* einen seitlichen Einschnitt in den Fuß, so gehen die Wellen gleichsam über die Schnittstelle hinweg.

Durchschneidung der Fußnerven bei *Helix*: Die nicht zu weit geöffnete Schere wird in der Mitte des Fußes tief eingestochen und ein kräftiger Schnitt ausgeführt. Die Tiere ziehen sich für einige Zeit ($^1/_4$—$^1/_2$ Stunde) in die Schale zurück, kommen aber dann wieder hervor. Hinter der Schnittstelle sieht man dann eine starke Dauerkontraktion des Fußes, die peripheren Erregungen stauen sich, sie können nicht mehr zu den Ganglien abgeleitet werden.

Bei manchen Schnecken können Kriechwellen auch ohne nervöses Zentrum auftreten. Schneidet man einer *Limax agrestis* oder *L. arborum* mit einem scharfen Messerschnitt den ganzen Kopf ab, der sämtliche Ganglien enthält, so zeigt der Fuß trotzdem normale Wellen und vermag zu kriechen.

Kymographische Aufzeichnung der Kriechbewegung von Helix.

Versuchsanordnung: In eine Glas- oder Holzplatte von 30 × 15 cm Größe wird in der Mitte ein Loch (*L*) von etwa 2—3 mm Durchmesser gebohrt. Durch dieses Loch führt (sehr leichte Führung!) ein an der Spitze einer sehr labilen Blattfeder (*BlF*) auf deren Oberseite senkrecht angelöteter Metallzapfen von etwa 4 mm Länge mit abgerundeter Kuppe. Mittels einer Klammer wird die Blattfeder in der Mitte der Schmalseite der Glasplatte unter deren Unterseite derart befestigt, daß der Zapfen von unten durch das Loch in der Mitte der Glasplatte stößt und die Zapfenkuppe etwa 1—2 mm über der Oberseite der Glasplatte liegt. Der Zapfen muß dem geringsten von oben kommenden Druck nachgeben. Die Länge der Blattfeder schreibt sich durch die Anordnung selbst vor, beträgt also etwa die Hälfte der Länge der Glasplatte, mithin ungefähr 15 cm. Auf der Unterseite der Blattfeder ist an deren Ende eine nadelartige

Spitze angelötet. In diese wird ein — also senkrecht auf der Unterseite der Blattfeder bzw. der Glasplatte stehender — Strohhalm (*Str*) eingesteckt, dessen Öffnungen mit kleinen, bei der Einführung in den Halm leicht zusammengedrückten Korken verschlossen sind, in die die Nadeln gesteckt werden können. Kriecht jetzt eine *Helix* über die Glasplatte bzw. den Zapfen, so wird dieser bei stärkerem Druck niedergedrückt, schnellt jedoch infolge der Elastizität der Blattfeder sofort zurück (hoch), wenn der Druck auch nur um weniges nachläßt. Die Herstellung der Kriechplatte aus Glas und eine nicht zu enge Führung des Stempels im Loch (aber auch keine zu weite, da alsdann sich der Zapfen leicht neigt und nicht mehr vertikal steht!) verhindern weitgehend eine Verschleimung des Getriebes. Die Blattfeder-Zapfenbewegung macht der von der Unterseite der Feder vertikal abwärts gerichtete Strohhalm natürlich mit, quer zu seiner Längsrichtung wird an ihm ein zweiter Strohhalm mit Schreibspitze angebracht, durch den die Bewegungen auf eine rotierende Kymographiontrommel aufgezeichnet werden können. Sinken der Schreibspitze bedeutet Wellental und Hochschnellen der Feder, Hebung der Schreibspitze-Wellenberg-Druck auf die Feder. Die Befestigung des Schreibhebels an dem von der Feder senkrecht abwärts führenden Halm kann im einfachsten Falle durch eine quer durch den Schreibhebel in den unteren Verschlußpropfen des abwärts führenden Halms gesteckte Nadel erfolgen; die Ausschläge sind dann jedoch sehr klein.

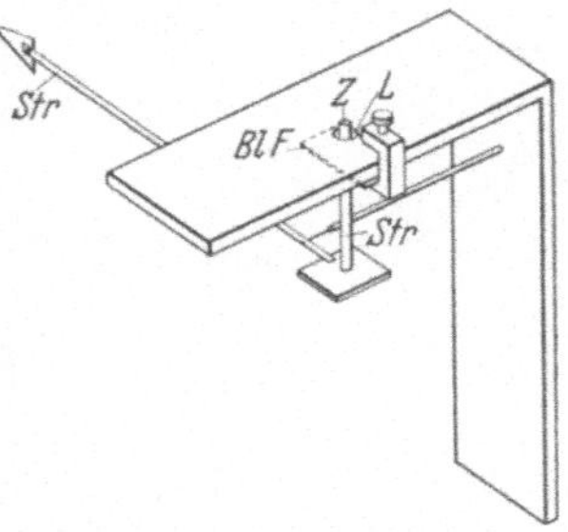

Abb. 26. Apparat zur Registrierung der Kriechbewegungen von *Helix*. *BlF* Blattfeder, *L* Loch, *Z* Zapfen in demselben, *Str* Strohhalm.

Zur Erzielung möglichst großer Ausschläge wird der senkrecht abwärts führende Halm und der Schreibhebel in rechtem Winkel zueinander an einem kleinen Celluloidplättchen mittels Klebwachs befestigt. Der Schreibhebel wird quer zu seiner Längsachse von einer Stecknadel durchstochen (lockere Führung! Die Nadel wird am besten vor dem Einführen etwas erhitzt und das Lager im Halm durch Drehen der heißen Nadel erweitert) und diese zur Verlängerung der so entstandenen Drehachse in einen ebenfalls mit Korkstopfen verschlossenen Strohhalm eingesteckt. Der Strohhalm wird in geeigneter Weise am Stativ oder so, wie in der Abb. 26 dargestellt, befestigt. Der Schreibhebel kann mittels Klebwachs und geeignete Drehachsenlagerung so ausbalanciert werden, daß er schon bei kleinsten Drucken verhältnismäßig hohe Ausschläge gibt.

Wird mit einer am Kymographionstativ befestigten JAQUET-Uhr, deren Zeiger gleichzeitig die rotierende Kymographiontrommel berührt, immer dann ein Zeichen gegeben, wenn eine Kontraktionswelle über den Metallstempel läuft, was durch Beobachtung der Unterseite der Glasplatte erreicht werden kann, so zeigt sich, daß die Zeichen immer dort sind, wo Wellentäler sind; die Kontraktionswellen sind also die Stellen der Kriechsohle, welche den geringsten Druck auf die Unterlage ausüben.

Literatur: BONSE: Ein Beitrag zum Problem der Schneckenbewegung. Zool. Jb., Physiol. **54** (1935).

Demonstration der lokomotorisch aktiven Phase des Wellenspiels auf der Sohle von Helix.

Versuchsanordnung: Ein Holzrahmen von etwa 30 × 15 cm Größe. Quer durch seine Mitte zieht eine Metallwalze von etwa 1—2 mm Durchmesser, deren Enden in feine Metallstäbe ausgezogen sind. Das eine, kürzere Ende dreht sich in einem in der Mitte der einen Rahmeninnenseite eingelegten Metallager, das andere, längere Ende durchstößt die andere Rahmenlängsseite in deren Mitte durch einen in den Rahmen an dieser Stelle eingelegten Metallring. An seinem einige Zentimeter nach außen vorstoßenden Ende wird quer zu seiner Längsachse ein Strohhalm mit Schreibspitze fest mit Siegellack oder Klebwachs befestigt und der Halm mittels Klebwachs so ausbalanciert, daß er bei senkrecht stehendem Rahmen genau horizontal gestellt ist. In dem Rahmen sind weiter durch geeignete Leisten zwei Glasplatten eingefügt, die zwischen sich gerade nur noch der den Rahmen quer durchziehenden Walze leichteste Drehungen gestatten. Mittels einer Klammer wird die Apparatur an einem Stativ befestigt und die Schreibspitze mit der berußten Trommel des Rotationskymographions in Berührung gebracht. Am Kymographionstativ befindet sich ferner eine Apparatur für Reizsignale, z. B. eine JAQUET-Uhr.

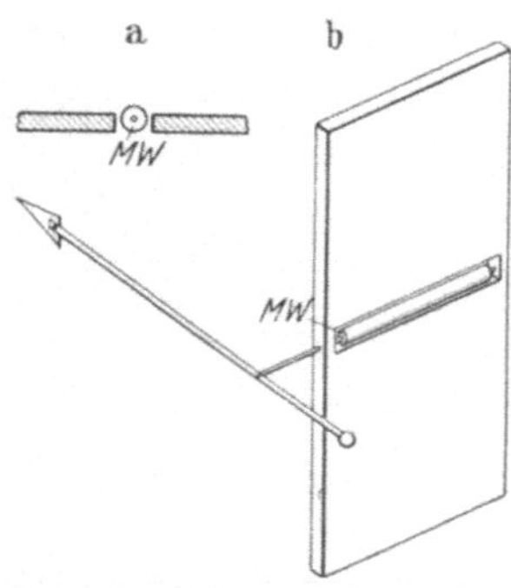

Abb. 27. Apparat zur Feststellung der aktiven und passiven Phase der Wellenbewegung von *Helix*. a total, b im Schnitt, *MW* Metallwalze.

Kriecht eine *Helix* die Glasplatte hinauf, so sinkt der Zeiger (Wellental), und zugleich rollt die Walze in der Bewegungsrichtung des Tieres, wenn eine Kontraktionswelle die Walze trifft; die Beobachtung erfolgt wieder von der Unterseite der Glasplatte her. Der Zeiger steigt, die Walze dreht sich entgegengesetzt der Bewegungsrichtung des Tieres, wenn eine Erschlaffungswelle (helle Sohlenstelle) die Walze berührt. Aus diesen Beobachtungen muß die Schlußfolgerung gezogen werden, daß sich das Tier während der Erschlaffung, bei der die Sohle konvex vortritt (s. vorigen Versuch), nach hinten von der Unterlage abstößt; die Erschlaffungsphase ist also die lokomotorisch aktive.

Literatur: BONSE, H.: Ein Beitrag zum Problem der Schneckenbewegung. Zool. Jb., Abt. Physiol. **54** (1935).

Echinodermen.

Versuche mit Asterias.

a) Die Kriechbewegung des normalen Tieres. Einige Seesterne befinden sich in einem kleineren Seewasseraquarium, in das schräg eine Glasplatte gestellt ist. Die die Aquariumswand oder Glasplatte hinaufkriechenden Tiere werden von unten her beobachtet. Die Füßchen aller Arme bewegen sich koordiniert alle in einer Richtung. Ein Arm (oder zwei) dient als „Leitarm"; die anderen folgen.

b) Der Seestern hat kein physiologisches Vorder- und Hinterende. Ein Tier wird in eine flache mit Seewasser gefüllte Schale gelegt. Bei

Reizung eines beliebigen Arms durch leises Stechen mit einer Nadel oder Kneifen mit der Pinzette flieht der Seestern stets in entgegengesetzter Richtung; bemerkenswert ist, daß die Richtungsänderung ohne Drehung erfolgt, da ein anderer Arm jetzt einfach die Rolle des Leitarms übernimmt. Bei Reizung zwischen zwei Armen übernimmt der der Reizstelle gegenüberliegende Arm die Rolle des Leitarms. Zwischen zwei Reizen muß dem Tier eine längere Ruhepause gelassen werden.

c) **Die Koordination der Saugfüßchen verschiedener Arme wird durch das Nervensystem gewahrt.** Man durchschneide den Ringnerven, indem man einen Scherenschnitt zwischen zwei Armen auf die Tiermitte zu führt; der Schnitt wird etwa bis zur Hälfte der Entfernung Peripherie-Tiermitte geführt. Wird jetzt der der Schnittstelle gegenüberliegende Arm gereizt, so streben die zu beiden Seiten der Schnittstelle liegenden Arme nach verschiedenen, evtl. entgegengesetzten Richtungen. Schließlich erhält einer der Arme das Übergewicht über den anderen, es erfolgt eine allmähliche Drehung des Tieres während des Vorwärtskriechens, die meist solange anhält, bis die Schnittstelle hinten liegt. Wird der Ringnerv noch an einer zweiten Stelle durchschnitten, so gelangen die die Koordination gewährleistenden Erregungen nicht mehr von einer Tierhälfte zur anderen, die Tierhälften bewegen sich nicht mehr koordiniert, sondern laufen meist in entgegengesetzter Richtung.

d) **Die Abtrennung eines Armes.** Am amputierten Arm bewegen sich die Füßchen koordiniert, er kriecht zunächst mit der Schnittstelle voran. Zur Beobachtung legt man den Arm in eine flache Glasschale mit Seewasser und betrachtet den Arm von unten. Der Umdrehreflex [s. unter e)] ist am amputierten Arm erhalten.

e) **Der Umdrehreflex.** Das Wesentliche hierüber findet sich auf S. 21.

f) **Die Befreiungsreaktion.** Ein Seestern kommt in eine mit Seewasser gefüllte Schale, deren Boden mit Wachs ausgegossen ist. Zwei Stecknadeln werden an zwei sich gegenüberliegenden Interradien ziemlich dicht an der Schnittstelle der beiden benachbarten Arme, aber nicht durch das Tier, in den Wachsboden gesteckt. Man beobachtet, wie sich der Seestern befreit, indem er die Arme aus der Nadelumklammerung herauszieht. Der Versuch wird in sinngemäßer Weise mit drei, vier und fünf Nadeln in drei, vier bzw. fünf Interradien wiederholt. Die Befreiung beruht wahrscheinlich auf einem Reflex, der in einer Erschlaffung derjenigen Muskeln besteht, die durch den Widerstand der Nadeln gedehnt werden.

Literatur: v. BUDDENBROCK, W.: Grundriß der vergleichenden Physiologie, 1924/28. — MANGOLD, E.: Studien zur Physiologie des Nervensystems der Echinodermen. I. u. II. Pflügers Arch. **123** (1908).

Der Seeigel.

Am geeignetsten sind die kleinen Arten wie *Echinus miliaris* und andere. Man beobachtet zunächst am lebenden Tier die Reflexe der Hautanhänge (Stacheln, Pedicellarien).

a) **Der schwache Stachelreflex.** Der Seeigel wird in eine kleinere Glasschale von etwa 7—10 cm Durchmesser gesetzt und eine beliebige Stelle der Oberfläche mit einer feinen Nadel leicht gereizt. Man sieht, daß sich die gesamten Stacheln der Nachbarschaft langsam dem Reizort zuwenden. Die Nadel wird hierdurch gewissermaßen von den Stacheln eingeklemmt.

b) Der Beißreflex der Pedicellarien. Auch hierbei kann eine beliebige Hautstelle gereizt werden; unter Umständen empfiehlt es sich aber, das Tier auf den Rücken zu legen mit dem Mund nach oben, weil in der Nähe des Mundes besonders viele Pedicellarien sich finden. Zur Reizung nimmt man ein etwas steifes Haar. Die Pedicellarien geraten in der ganzen Umgebung des Reizortes in sichtbare Aufregung; sie richten sich auf, öffnen sich weit und schlagen umher. Dabei gelingt es meist einem oder mehreren, das Haar zu erfassen. Man überzeugt sich durch Ziehen an dem Haar, daß dasselbe festgehalten wird.

c) Die gleichen *Versuche* lassen sich **an isolierten Schalenstücken** ausführen. Der Seeigel wird hierzu mit einer Schere in verschiedene Stücke zerschnitten, die an die Praktikanten verteilt werden. Sowohl der schwache Stachelreflex als auch der Beißreflex der Pedicellarien ist an dem herausgebrochenen Schalenstück völlig erhalten.

d) An gewissen Arten, die mit Giftpedicellarien ausgerüstet sind, lassen sich auch der sog. *starke Stachelreflex* sowie der **Beißreflex der Giftpedicellarien** demonstrieren. Er tritt ein, wenn die Haut chemisch gereizt wird, z. B. durch Coffein. Die Reaktion auf diesen Reiz besteht darin, daß die Stacheln sich vom Reizort abwenden und die Giftpedicellarien in dem hierdurch frei gewordenen Raume sich aufrichten. Die Giftpedicellarien reagieren nicht auf mechanische Reizung mit einem Haar allein. Es erfolgt höchstens ein kurzes Zubeißen und Wiederöffnen. Sie sprechen erst richtig an, wenn sie chemisch und mechanisch zugleich gereizt werden. Besonders geeignet als Reiz ist die Armspitze eines lebendigen Seesterns.

e) Der Gang. Der Seeigel ist imstande, auf den Füßchen und auf den Stacheln zu gehen. Den Gang auf den Füßchen beobachtet man, wenn das Tier auf Glas kriecht, an welchem die Füßchen sich festsaugen können; der Gang auf den Stacheln tritt dagegen ein, wenn man dem Tiere Sand gibt. Der Stachel wird von vorn nach hinten geradlinig bewegt, von hinten nach vorn in einem Kreisbogen.

f) Die Umkehrbewegung kann ebenfalls sowohl mit den Füßchen als auch mit den Stacheln zu ausgeführt werden. Bei der Umdrehung durch die Stacheln sieht man beim auf die Seite gelegten Seeigel, daß sich die anal und oral von der Berührungsstelle befindlichen Stacheln entgegengesetzt benehmen. Die ersten richten sich auf, die oral liegenden legen sich nieder. Auf diese Weise rollt der Seeigel allmählich auf die Mundseite.

g) Reflexe der Füßchen. Mechanischer Reiz in einem Radius bewirkt das Einziehen aller Füßchen dieses Radius; bei Reizung in einem Interradius ziehen sich die beiden rechts und links dem Interradius benachbarten Füßchenreihen ein.

Reizung eines Saugfüßchens am Scheibenrande hat Hinneigung der Saugscheibe zum Reizorte zur Folge, Reizung des basalen Teils des Füßchens dagegen Einziehen und Wegwenden des distal der Reizstelle gelegenen Füßchenteils. Berührung des warzenförmig vortretenden Saugscheibenzentrums bewirkt Einziehung desselben.

Ophiuroideen.

Einige Schlangensterne kommen in eine flache Glasschale mit Seewasser.

a) Die Gangart des normalen Tieres wird beobachtet. Das Tier bewegt sich nicht mit Hilfe seiner Ambulacralfüßchen, sondern durch ruderartige, peitschenförmige Bewegung der Arme. Die sich gegenüberstehenden Arme bewegen sich dabei synchron, so daß sich zwei Gangpaare bilden; ein Arm, der fünfte, unpaare, bewegt sich dann in der Regel nicht mit, er wird entweder vorgeschoben („unpaar voran") oder nachgezogen („unpaar hinten").

b) Mechanische Reizung einer beliebigen Stelle hat Flucht vom Reizorte fort zur Folge. Reizung einer Armwurzel bewirkt Gangart „unpaar hinten", Berührung zwischen zwei Armen hat Gangart „unpaar voran" zur Folge.

c) Jeder Reiz erhöht in dem von ihm abgewandten Teil des Zentralnervensystems die Erregbarkeit: Die vom Reizort abgelegenen Arme werden stets am kräftigsten bewegt.

d) Die Plastizität der Gangart. Ein Schlangenstern wird durch Reizung zwischen zwei Armen zur Gangart „unpaar voran" veranlaßt.

1. Amputation des vorderen Gangbeinpaares: Der „unpaare" vordere Arm schlägt jetzt, die Lokomotion unterstützend, kräftig nach rechts und links aus, während die Bewegung des hinteren Armpaares unverändert ist. Evtl. muß nach der Amputation nochmals ein Reiz an derselben Stelle wie zuerst gesetzt werden.

2. An demselben Tier wird jetzt auch das hintere Armpaar amputiert: Der vordere, unpaare Arm schlägt kräftig nach rechts und links, um die Mundscheibe vom Reizort weg zu „rudern", zu ziehen.

3. An einem neuen Tier werden die beiden rechten Gangarme amputiert: Der unpaare und der vordere linke Arm schlagen jetzt synchron, sie sind zu einem Gangarmpaar koordiniert, während der hintere linke Arm, der jetzt unpaar geworden ist, die Bewegung, die nicht direkt, sondern schräg vom Reizort fortführt, unterstützt.

4. An demselben Tier wird jetzt der unpaare, hintere linke Gangarm amputiert: Das nach der vorigen Operation gebildete neue Gangarmpaar (vorderer unpaarer Arm und vorderer linker Gangarm) schlagen unverändert synchron als Paar weiter.

5. An einem dritten Tier werden der vordere unpaare Arm und die beiden rechten Gangarme amputiert: Der vordere linke Gangarm wird zum unpaaren, vorangehenden Arm, schlägt stark nach rechts und links aus, während der hintere linke Gangarm mithilft. Die Bahn des Tieres führt schräg von der Reizstelle fort.

e) Der Ringnerv wird, wie bei *Asterias* (S. 53), an einer Stelle durchschnitten. Die Arme, zwischen denen der Schnitt liegt, können nicht mehr ein vorderes Gangpaar bilden. Reizt man den der Schnittstelle gegenüberliegenden Arm, so erfolgt eine Bewegung der beiden Armpaare zum Reizort, jedoch kein systematischer Gang. Ein zweiarmiger

Schlangenstern bewegt nach dem Schnitt dicht rechts neben der Reizstelle beide Arme zugleich stets dem Reizorte zu, nicht mehr wie im Versuch d 5. Die hieraus zu ziehende Schlußfolgerung ist, daß die Erregung jedem Arm auf doppeltem Wege, links und rechts herum, zufließt; die Arme schlagen dem Reizorte zu.

f) Der Nahrungstransport. Mit der Pinzette wird ein Stückchen Muschelfleisch an die Armspitze gebracht. Das Fleischstückchen wird durch Einrollen des Arms zum Munde gebracht. Nach Durchschneidung des Radialnerven, die durch Anlegung eines nicht zu flachen queren Scherenschnittes in einen Arm von der Unterseite her erfolgt, wird die Nahrung nur bis zur Schnittstelle transportiert.

g) Der Umdrehreflex. Ein Tier wird auf den Rücken gelegt. Der — auch am abgeschnittenen Arm beobachtbare — Reflex erfolgt in ähnlicher Weise wie bei *Asterias* durch Dorsalkrümmung der Arme, Umlegen zunächst der Armspitzen usw.

Schlangensterne können, genau so gut wie Seeigel und Seesterne, von den Meeresstationen, vor allem Helgoland, ins Binnenland geliefert und dort in ebenfalls geliefertem, gut durchlüftetem Meerwasser lange Zeit gehalten werden.

Literatur: v. UEXKÜLL: Die Physiologie des Seeigelstachels. Z. Biol. **39** (1900). — Die Physiologie der Pedicellarien. Z. Biol. **37** (1898). — Die Bewegungen der Schlangensterne. Z. Biol. **46** (1905). — ANTON, H.: Die Koordination der Saugfüßchenreflexe der regulären Echiniden. Z. vergl. Physiol. **5** (1927).

Arthropoden.
Der Schreitrhythmus von Dixippus (Carausius) morosus.

Zu diesen Versuchen sind junge, etwa 2 cm lange Stabheuschrecken am besten geeignet. Man läßt eine junge Stabheuschrecke auf dem Tisch laufen und studiert den Rhythmus der Beinbewegung.

a) Das normale Tier. Es werden immer drei Beine gleichzeitig bewegt, während das Tier auf den drei anderen ruht; treten diese drei in die Bewegung ein, so gehen die bisher bewegten in den Ruhestand über. Gleichzeitig werden bewegt bzw. ruhen: Ein Vorderbein, das Hinterbein derselben und das Mittelbein der anderen Seite.

b) Nach Amputation eines oder mehrerer Beine (neun verschiedene Variationen).

1. Amputation des rechten Vorder- und linken Mittelbeins: Es arbeiten jetzt das linke Vorder- und rechte Hinterbein bzw. das rechte Mittel- und linke Hinterbein zusammen.

2. Amputation des rechten Mittel- und des linken Hinterbeins: Zusammen arbeiten nun das linke Vorder- und rechte Hinterbein einerseits und das rechte Vorder- und linke Mittelbein andererseits.

3. Amputation von beiden Mittelbeinen: Es bewegen sich gleichzeitig das linke Vorder- und das rechte Hinterbein, während das rechte Vorderbein und das linke Hinterbein ruhen, und umgekehrt.

4. Amputation von rechtem Vorder- und linkem Hinterbein: Gleichzeitig bewegen sich bzw. ruhen das linke Vorderbein und das rechte Hinterbein einerseits, und die beiden Mittelbeine andererseits.

5. Amputation der beiden Hinterbeine: Das Vorderbein der einen und das Mittelbein der anderen Seite befinden sich jeweils in gleicher Aktionsphase.

6. Amputation der beiden Vorderbeine: Gleichzeitig bewegen sich bzw. ruhen ein Mittelbein und das Hinterbein der anderen Seite.

Bei Fehlen zweier Beine tritt also stets ein gekreuzter Gang auf.

7. Amputation des rechten Vorderbeins: Es arbeiten gleichzeitig das linke Vorder-, das rechte Mittel- und das linke Hinterbein einerseits, das linke Mittel- und rechte Hinterbein andererseits.

8. Amputation des linken Hinterbeins: In gleicher Phase arbeiten das rechte Vorder-, das linke Mittel- und das rechte Hinterbein einerseits und das linke Vorder- und rechte Mittelbein andererseits.

9. Amputation des rechten Mittelbeins: Es resultiert Zusammenarbeit von rechtem Vorder-, linkem Mittel, rechtem Hinterbein und linkem Vorder- und Hinterbein.

Das Fehlen eines Beines macht sich somit im Rhythmus nicht bemerkbar.

c) Nach Verkleben sämtlicher Gelenke zweier Beine. Ein Glasstab wird an der Bunsenflamme heiß gemacht und in ein Näpfchen mit Paraffin getaucht; das am Stab jetzt haftende Paraffintröpfchen wird auf das zu verklebende Gelenk einer ruhig dastehenden Stabheuschrecke aufgetragen und dieses so oft wiederholt, bis das Gelenk vollkommen unbeweglich ist. Der Schreitrhythmus des Tieres verläuft nun genau so, als ob die beiden Beine, denen die Gelenke verklebt wurden, amputiert seien, d. h. überhaupt fehlten [s. unter b)]. Es bestimmen also die vom sich bewegenden Bein ausgehenden peripheren Reize den Schreitrhythmus.

d) Durchschneidung einer Längskommissur. Ein ausgewachsenes Tier wird in einem mit Wachs ausgegossenen Schälchen auf den Rücken gelegt und die ventrale Körperbedeckung in den vordersten Segmenten mit dem Skalpell flach abgeschnitten. Das austretende Blut wird mit Watte oder Fließpapier abgetupft und mit einer feinen Schere eine der beiden Längskonnektive zwischen zwei Thorakalganglien durchgeschnitten oder mit einer Lanzettnadel hochgehoben und durchgerissen. Die Operation muß unter dem Binokular vorgenommen werden. Der Schreitrhythmus des Tieres ist nicht gestört. Der Rhythmus ist nur dann gestört, wenn das Connectiv zwischen dem zweiten und dritten Ganglienpaar durchschnitten wurde.

e) Die Entfernung des Unterschlundganglions. Einer Stabheuschrecke wird der Kopf mit einem Zwirn- oder Seidenfaden vom Rumpf scharf abgeschnürt und vor der Ligatur mit einer feinen Schere abgeschnitten; ein Laufen tritt im allgemeinen nicht mehr auf. Das Tier kann jedoch auch jetzt noch zur Lokomotion angeregt werden, wenn man es auf eine über der Bunsenflamme angewärmte Metallplatte von etwa 50° setzt.

Die Plastizität des Nervensystems bei Dytiscus.

Die Versuche entsprechen dem Sinne nach denen mit *Dixippus*. Mehrere Käfer werden in einem Süßwasseraquarium gehalten und das Schwimmen mittels des Schwimmbeinpaares beobachtet. Amputiert man ein Schwimmbein, so wird auf dieser Seite das Mittelbein zum Partner

des anderen Schwimmbeins. Schneidet man beide Schwimmbeine nahe
der Basis ab und setzt das Tier ins Wasser zurück, so übernimmt das
mittlere Beinpaar ihre Rolle.

Die Plastizität bei Phalangium.

Ein schreitender Weberknecht wird auf dem Tisch beobachtet.
Schneidet man jetzt sämtliche Beine nahe der Basis ab und setzt das
Tier auf den Tisch zurück, so gewahrt man, daß jetzt die Taster, die
für gewöhnlich hoch gehalten werden und den Boden nicht berühren,
zur Fortbewegung benutzt werden.

Literatur: BETHE, A.: Studien über die Plastizität des Nervensystems. I. u.
II. Pflügers Arch. **224** (1930). — v. BUDDENBROCK, W.: Die Schreitbewegungen
von *Dixippus morosus*. Biol. Zbl. **41** (1921).

Die Rolle des Oberschlundganglions.

Material: *Dixippus* oder *Carabus*, eventuell andere größere Insekten,
Aeschna-Larven.

1. *Dixippus* oder *Carabus*. Die Gehbewegung der normalen Tiere
auf einer Tischplatte wird beobachtet, evtl. nach vorsichtiger mechanischer Reizung des Abdomens. Weiterhin beobachtet man den Umdrehreflex, nachdem das Tier auf den Rücken gelegt wurde.

a) Einseitige Exstirpation des Oberschlundganglions. Das Tier wird
leicht mit Äther betäubt, indem es in ein Glas eingetan wird, in dem sich
ein mit Äther getränkter Wattebausch befindet, oder indem ihm ein
solcher vorgehalten wird. Unter dem Binokular wird mit dem Skalpell
vorsichtig das Kopfdach abgeschnitten bzw. abgeschabt und das austretende Blut mit Watte oder Fließpapier abgetupft. Eine Hälfte des
sichtbar werdenden Oberschlundganglions wird mit einer feinen Pinzette zerdrückt oder herausgelöst, nachdem beide Hirnhälften durch
einen medianen Längsschnitt getrennt wurden. Wenn das Tier erwacht
ist, läßt man es auf der Tischplatte laufen. Die Tiere bewegen sich
jetzt nicht mehr geradlinig, sondern weichen in einer Kreisbahn nach der
normalen, nicht operierten Seite ab; das ruhende Tier ist auch nach
dieser Seite eingekrümmt. Es werden im Anschluß an diese Beobachtung
ein oder zwei Beine auf der operierten Seite amputiert. Die Kreisbewe-
gungen bleiben in demselben Sinne erhalten, woraus gefolgert werden
kann, daß der Kreisgang nicht auf einer Asymmetrie der Innervation
der Beine beider Körperseiten beruht, sondern daß die restliche Gehirn-
hälfte den anderen Ganglien den „Auftrag gibt“, den Kreisgang auszuführen; die Ausführung geschieht je nach den zur Verfügung stehenden
Beinen durch verschiedene Bewegungen.

b) Nunmehr wird auch die andere Hälfte des Oberschlundganglions
entfernt. Die Manegebewegungen hören jetzt auf. Das Tier läuft hem-
mungsloser als das normale, insbesondere ist die Starre erloschen und
durch keinen Reiz mehr zu erzielen. Der Umdrehreflex ist erhalten.

Das Oberschlundganglion hat also bei *Dixippus* und *Carabus* neben
anderen Funktionen die eines Hemmungszentrums.

Literatur: BALDUS, K.: Untersuchungen über den Bau und die Funktion des
Gehirns der Larven und der Imago von Libellen. Z. Zool. **121** (1924).

2. *Aeschna*-Larven. Man beobachtet eine normale *Aeschna*-Larve in einem nicht zu großen Süßwasseraquarium; es werden besonders die abdominalen Schwimmstöße beachtet. Das Tier wird jetzt herausgefangen, durch Einstechen einer an der Bunsenflamme erhitzten Präpariernadel zwischen bzw. hinter den Augen das Oberschlundganglion zerstört und das Tier in das Wasser zurückgetan. [Die Lage des Oberschlundganglions stellt man am besten an einem Tier fest, dessen Schädeldach in der Weise wie bei *Dixippus* und *Carabus* (s. 1a) abgetragen wird; man wird dann bei weiteren Tieren einfach einstechen und das Ganglion auch treffen können.] Nach der Operation ist die Larve zu jeder spontanen Bewegung unfähig und reagiert höchstens auf stärkste mechanische Reize (Kneifen mit der Pinzette) durch eine geringfügige Bewegung.

Im Gegensatz zu *Carabus* und *Dixippus* und im Gegensatz zu den Verhältnissen beim Regenwurm und Blutegel ist das Oberschlundganglion bei der *Aeschna*-Larve also ein Erregungszentrum.

Literatur: TONNER, FR.: Schwimmreflexe und Zentrenfunktion bei *Aeschna*-Larven. Z. vergl. Physiol. **22**, 4 (1935).

Die Rolle des Unterschlundganglions.

1. *Carabus* und *Dixippus*. An den Tieren ohne Oberschlundganglion wird nun auch das Unterschlundganglion entfernt, indem man die Tiere dekapitiert. Die Bewegungen sind stark herabgesetzt, wenn nicht erloschen; ein Umdrehreflex tritt nicht mehr auf. Das Unterschlundganglion dient bei *Dixippus* und *Carabus* also als Erregungszentrum.

2. *Aeschna*-Larven. Das Unterschlundganglion der *Aeschna*-Larven wird am besten, wie schon das Oberschlundganglion, durch Einstechen einer heißen Nadel zerstört, nachdem man sich an einem aufpräparierten Tier von seiner Lage überzeugt hat. Das nach der Operation in das Wasser zurückgeworfene Tier macht ständig kräftige Schwimmstöße. Das Unterschlundganglion hemmt also die im Abdomen entstehenden Impulse. Diese Hemmung wird normalerweise durch das Eingreifen des Oberschlundganglions vernichtet. Fehlen beide Zentren, so gehen die abdominalen Impulse völlig ungehemmt zur Muskulatur.

Literatur: TONNER, FR.: Z. vergl. Physiol. **22**, 4 (1935).

Auch hier ist der Vergleich mit *Carabus* und *Dixippus* und *Lumbricus* lohnend.

Die gegenseitige Beeinflussung der Gehirn- und Bauchmarkimpulse.

Material: *Carcinus*. Das Abdomen eines Taschenkrebses wird zurückgeschlagen und abgeschnitten. Dort, wo die Abdomenspitze dem Ventralpanzer auflag, wird dieser mit einer kräftigen Schere, jedoch so vorsichtig, daß das Bauchmark nicht verletzt wird, 1—2 cm lang anterioposterialwärts ein- und aufgeschnitten. Als nächstes schneidet man dann aus dem Rückenpanzer vom Vorderrand aus zwischen den Augenstielen ein kleineres, etwa 1—2 qcm großes Schalenstück heraus. In den ventralen Spalt wird jetzt eine Reizgabel (Reizapparatur: 4 Volt-Akku; Schlitteninduktorium; Stromschlüssel; Drähte; Reizgabel) eingeführt und mit stärksten faradischen Strömen (Abstand der Primärspule von der Sekundärspule des Schlitteninduktoriums = 0) gereizt. Es resultiert eine ruckartige kräftige Beugung aller Extremitäten auf die Reizstelle zu. Die Elektroden werden darauf ziemlich tief in die dorsal geschnittene Öffnung eingeführt und abermals gereizt. Jetzt erfolgt eine Streckung der Extremitäten. Im ersten Versuch wurde das Bauchmark, im zweiten das Gehirn gereizt. Sollte auf die Reizung hin kein Effekt auftreten, was manchmal geschieht, so liegt die Reizgabel nicht ganz richtig, sie muß dann anderswo, entweder tiefer oder flacher, mehr rechts oder links neben dem Schnitt innerhalb des Tieres angelegt werden.

Literatur: BETHE, A.: Arch. mikrosk. Anat. **50** (1897); **51** (1897). — Pflügers Arch. **68** (1897).

Das Öffnen und Schließen der Krebsschere in Abhängigkeit von gebeugter und gestreckter Haltung der Schere.

Material: *Astacus.* Eine Schere wird an der Basis abgeschnitten. Beugt man die Schere in allen Gelenken passiv, so resultiert Scherenschluß, wird sie gestreckt, so ist der Erfolg eine Scherenöffnung.

Sämtliche Gelenkhäute werden nun mit einer feinen Schere, jedoch ohne die darunterliegenden Muskeln und Nerven zu verletzen, also ganz oberflächlich, vollkommen abgeschnitten bzw. nach dem Einschnitt mit der Pinzette abgezupft. Die oben beschriebenen Effekte nach passiver Beugung bzw. Streckung bleiben aus, da sie durch die nun fortgefallenen, von den Gelenkhäuten ausgehenden Impulse bedingt waren.

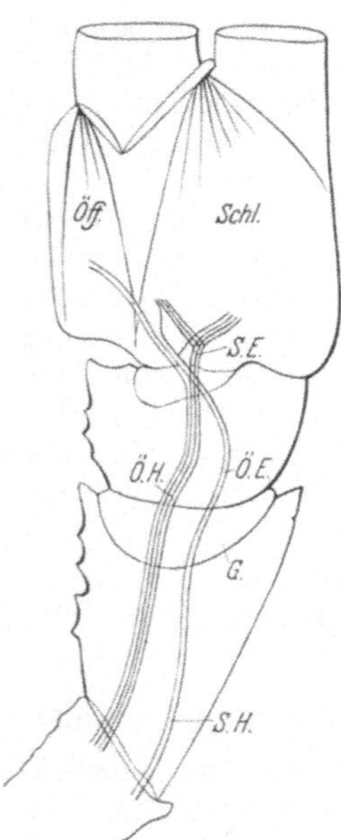

Abb. 28. Nervenanatomie der Krebsschere. *Öff.* Öffner, *Schl.* Schließer, *EÖ.* Erreger des Öffners, *HÖ.* Hemmer des Öffners, *ES.* Erreger des Schließers, *HS.* Hemmer des Schließers. Nach TONNER.

Das BIEDERMANNsche Phänomen.

Material: *Astacus, Carcinus* oder *Eriocheir.* Reizapparatur: 4 Volt-Akku, Schlitteninduktorium, Stromschlüssel, Drähte, Reizgabel, Rotationskymographion und Stativ mit Klammer. An dieser wird die an der Extremitätenbasis abgeschnittene Schere befestigt und mit der mit einem berußten Papierstreifen umkleideten Kymographiontrommel in Berührung gebracht. Die Reizgabel wird an der Schnittstelle in die Muskulatur der isolierten Extremität eingeführt. Den Experimenten muß ein kurzer Vortrag über die Anatomie der Krebsschere, insbesondere ihrer Nerven, vorangehen (s. Abb. 28).

Zunächst wird mit starkem faradischem Strom (Abstand der Sekundärspule von der Primärspule = 0) gereizt. Die Schere, die vor der Reizung passiv geöffnet worden ist, schließt sich.

Die Reizungen werden jetzt mit immer schwächer werdenden Strömen (Vergrößerung des Abstandes der Spulen voneinander) gereizt, bis schließlich eine Stromstärke erreicht wird, bei der sich die Schere auf den Reiz hin öffnet: Der Schließer wird gehemmt, der Öffner erregt. Im weiteren wird vorsichtig die Gelenkhaut G zwischen Carpopodit und Meropodit entfernt und evtl. die jetzt offen daliegende Muskulatur etwas zur Seite gebogen. Es werden ein dicker und ein dünner Nerv sichtbar. Die oben beschriebenen Versuche werden wiederholt, nachdem der dicke Nerv, der durch den Erreger des Schließers und den Hemmer des Öffners gebildet wird, bzw. der dünne Nerv, der sich aus dem Erreger des Öffners und dem Hemmer des Schließers zusammensetzt, durchschnitten wurden. Eine (auch starke) Reizung nach alleiniger Durchschneidung des dicken Nerven zeigt keine Schließung mehr, sondern nur noch Öffnung, eine Reizung nach alleiniger Durchschneidung des dünnen Nerven dagegen hat, auch mit schwachen Strömen, niemals mehr eine Öffnung der Schere zur Folge.

Literatur: TONNER, FR.: Das Problem der Krebsschere. Z. vergl. Physiol. **19** (1933).

Analyse der Antennenfunktion und Demonstration von tonischer Lichtwirkung bei Aeschna-Larven.

Eine *Aeschna*-Larve wird mittels Wachs, heißem Paraffin oder Siegellack dorsal am Thorax an einem Glasstab befestigt und an dem Stab in ein Aquarium gehalten. Das Tier macht ständig abdominale Schwimmstöße; jedem derartigen Schwimmstoß entspricht ein Ruderschlag der Beine nach hinten.

Man schickt jetzt dem Tier mittels einer Pipette, die auch an die Wasserleitung angeschlossen sein kann, einen Wasserstrahl von vorne gegen den Kopf. Es treten weiterhin die abdominalen Schwimmstöße auf, die Beine dagegen werden nur einmal nach hinten geschlagen und bleiben dann solange an den Körper angelegt, bis der Wasserstrahl erlischt.

Dem gleichen Tier werden nun die Antennen mittels Gelatine an den Kopf angeklebt. Der vorstehende Versuch fällt nach der Verklebung insofern ganz anders aus, als der Wasserstrom jetzt völlig effektlos ist, indem die Beine nicht angelegt bleiben und jeder abdominale Schwimmstoß auch wieder einen Ruderschlag der Beine erzeugt. — Das Angelegtbleiben der Beine wird also durch die Reizung der Antennen durch den Wasserstrom erzeugt, beim normalen Schwimmen durch den Wasserdruck.

Macht man den Versuch mit dem Wasserstrahl an einem normalen Tier, dessen Antennen also nicht verklebt sind, in der Dunkelkammer, bei rotem Licht, so ist niemals ein Angelegtbleiben der Beine zu beobachten. Das einfachste ist, das Tier einfach frei schwimmen zu lassen; in weißem Licht schwimmt die *Aeschna*-Larve mit angelegten Beinen, in dunkelrotem mit schlagenden Beinen. Der Reflex des „Angelegtbleibens durch die Antennen" wird also durch Dunkelheit gehemmt.

Literatur: TONNER, FR.: Z. vergl. Physiol. **22**, 4 (1935).

Wasserhaushalt.

1. Nachweis der Wasserverdunstung von Landtieren.

Material: *Dixippus morosus*, Frosch. Die Stabheuschrecken, die sich tagsüber im Starrezustand befinden, können einfach auf eine empfindliche Wage gelegt werden. Am besten geeignet ist eine sog. Mikrowaage. Man wägt genau ab und läßt die Waage, ohne zu arretieren, stehen. Je nach der Zahl der gewogenen Tiere und der Empfindlichkeit der Wage geht die mit den Tieren belastete Schale früher oder später in die Höhe, ein Beweis, daß ein Gewichtsverlust eingetreten ist, der nur als Verdunstung gedeutet werden kann. Zu achten ist darauf, daß nicht während der Wägung eine Kotabgabe auftritt.

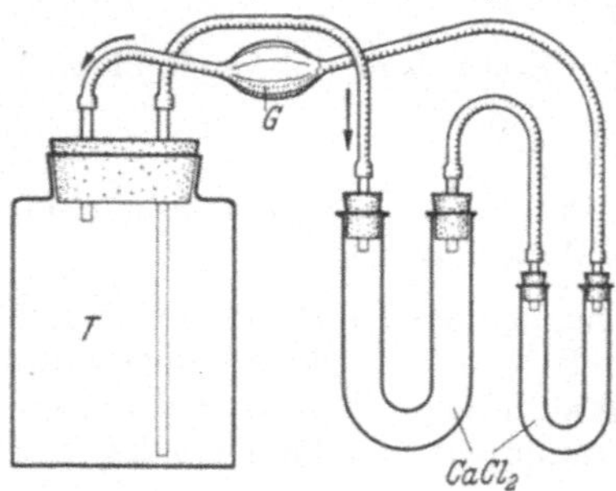

Abb. 29. Apparat zur Messung der Wasserabgabe durch Verdunstung. *T* Tierbehälter, *CaCl₂* Chlorcalciumröhrchen, *G* Gummiball mit Ventilsteuerurg.

Die Wasserverdunstung beim Frosch oder der Maus kann leicht gemessen werden durch Auffangen und Wägen des verdunsteten Wassers in einer Chlorcalciumröhre. Die Anordnung ist die folgende: Von dem Hauptgefäß von etwa 1 Liter Inhalt, das mit einem weiten Gummistopfen geschlossen wird, gehen zwei Glasrohre aus, die durch zwei hintereinander geschaltete Chlorcalciumröhren und einen Gummiballon mit Ventilsteuerung zu einem Kreise geschlossen sind (s. Abb. 29). Die Calciumröhren werden zuvor gewogen. Hierauf schließt sich ein Leerlaufversuch ohne Tier an, der etwa $^1/_2$ Stunde dauert. Nach diesem Versuch werden die Calciumröhrchen wieder gewogen. Die Differenz ergibt den Wassergehalt der in der Apparatur befindlichen Zimmerluft. Jetzt wird das Tier in die Flasche gesetzt, der Gummipfropfen dicht geschlossen und der Versuch erneut. Hierbei muß, wie schon beim Leerlauf, durch häufiges Drücken auf den Ballon die Luft zu einer ständigen Zirkulation gebracht werden. Am Schluß wird noch einmal gewogen. Die Differenz zwischen der Gewichtszunahme im Tierversuch und derjenigen im Leerlaufversuch ergibt die ungefähre Wasserabgabe des Tieres durch Verdunstung.

2. Wasserhaushalt verschiedener Wassertiere.

a) Die contractilen Vakuolen der Protozoen. Die contractilen Vakuolen finden sich bei sämtlichen Süßwasserprotozoen sowie bei manchen marinen. Sie dienen im wesentlichen der Ausscheidung des Wassers, das durch Osmose oder zugleich mit der Nahrung in den Körper aufgenommen worden ist. Ihre sonst häufig diskutierten Funktionen: Atmung, Excretion sind sehr zweifelhaft.

Als Untersuchungsmaterial können größere Amöben sowie solche Ciliaten dienen, die einfache kugelige Vakuolen haben. Besonders geeignet sind Brackwasserformen, die an einen stärkeren Wechsel des Salzgehalts ihres Mediums angepaßt sind.

Versuch 1. Messung der in der Zeiteinheit ausgeschiedenen Wassermenge. Man mißt den kugeligen Durchmesser der Vakuole mit dem Meßokular und zählt die Entleerung E pro Minute. Der Vakuoleninhalt ist proportional d^3, die Wassermenge pro Minute also $d^3 . E$. Geht man von einem Tiere aus, das in 10 pro Mille Seewasser lebt, so hat man die Möglichkeit, die Veränderung der Wassermenge zu prüfen, die ausgeschieden wird, wenn man den Salzgehalt herabsetzt (Zusatz von destilliertem Wasser) oder heraufsetzt (Zusatz von Seewasser, im Notfalle auch NaCl). Bei solchen Brackwassertieren findet man sehr starke Differenzen in der ausgeschiedenen Wassermenge. Zwischen verschiedenen Konzentrationen können die Wassermengen sich wie 1 : 40 verhalten.

Bei Verwendung von *Paramaecien* ist es vorteilhaft, die Tiere einige Tage vorher an ein schwach brackiges Wasser zu gewöhnen. Im anderen Falle, bei reinen Süßwassertieren, hat man nur die Möglichkeit, durch Zusatz von NaCl die Frequenz der contractilen Vakuolen zu erniedrigen.

Versuch 2. Sichtbarmachung der Entleerung der contractilen Vakuole. Paramaecium. Ein Tropfen Kulturflüssigkeit mit zahlreichen *Paramaecien* wird auf den Objektträger gebracht und mit etwas flüssiger Tusche versetzt. Das Präparat, das ziemlich dunkel sein muß, wird mit einem Deckglas bedeckt und von der Flüssigkeit mit Fließpapierstreifen soviel abgesaugt, bis die *Paramaecien* festliegen. Man muß jetzt im Mikroskop solche *Paramaecien* aussuchen, deren contractile Vakuolen zufällig am Rande des Tieres liegen. Bei geeigneter Konzentration der Tusche kann man jetzt bei Entleerung der Vakuolen unmittelbar beobachten, daß eine Wolke farbloser Flüssigkeit aus der Vakuole ins Wasser entleert wird. Sie bleibt aber nur kurze Zeit sichtbar, weil sie durch die von den Cilien verursachte Strömung weggeschwemmt wird.

Versuch 3. Verhalten mariner Ciliaten ohne contractile Vakuolen. In Seewasseraquarien finden sich fast stets irgendwelche zu derartigen Versuchen geeignete Formen, z. B. Hypotriche wie *Uronychia* und andere. Zusatz von destilliertem Wasser hat bei diesen Tieren zur Folge, daß sie sehr stark aufquellen, ohne jedoch zu platzen, wenn man die Verdünnung des Seewassers nicht übertreibt. Nach längerem Verweilen in verdünntem Seewasser (etwa 24 Stunden) haben die Tiere wieder ihr normales Aussehen zurückgewonnen. Es ist hieraus zu folgern, daß die Haut dieser Protozoen nicht nur für Wasser durchlässig (semipermeabel) ist, sondern auch für Salze. Der Wasserimport geschieht aber mindestens zu Anfang sehr viel schneller als der Salzexport.

b) Wasserhaushalt wasserlebender Metazoen. Ob ein Tier poikilosmotisch ist oder homoiosmotisch, d. h. fähig, einen vom Außenmedium abweichenden Salzgehalt seines Blutes aufrecht zu erhalten, erkennt man am einfachsten durch Bestimmung der Gefrierpunkterniedrigung des Bluts und des Wassers. Es lassen sich hierbei folgende Tiergruppen unterscheiden:

1. Niedere marine Wirbellose: *Asterias, Arenicola, Mytilus* usw. Sie sind poikilosmotisch, ihr Blut ist zum Seewasser isotonisch.

2. Marine Wirbellose mit hypertonischem Blut, also homoiosmotisch: *Carcinus maenas, Eriocheir sinensis*.

3. Süßwassertiere: *Anodonta, Potamobius*, Fische. Sie sind wie die Tiere der zweiten Gruppe homoiosmotisch mit hypertonischem Blut.

4. Seefische: Sie sind homoiosmotisch mit hypotonischem Blut.

Zur Messung der Gefrierpunkterniedrigung ($\varDelta$) benutzt man ein einfaches Kryoskop (s. Abb. 30). In das äußere Gefäß kommt unmittelbar vor dem Gebrauch eine Kältemischung, bestehend aus klein zerschlagenem Eis und Viehsalz. Das innere Gefäß, welches die zu untersuchende Flüssigkeit enthält, ist mit einem Thermometer versehen und mit einem durch den Kork gesteckten Draht, der unten in eine horizontale Schlinge ausläuft. Mit Hilfe dieses Drahtes muß die Flüssigkeit ständig bewegt werden, um ein zu frühzeitiges Erstarren zu verhindern. Gemessen wird der Stand, den das Thermometer, gewöhnlich nach $^1/_4$—$^1/_2$ Stunde, einnimmt, nachdem es stark gefallen und hierauf wieder gestiegen ist. Aus dem Werte $\varDelta$ errechnet sich der Salzgehalt in Promill nach der folgenden Tabelle.

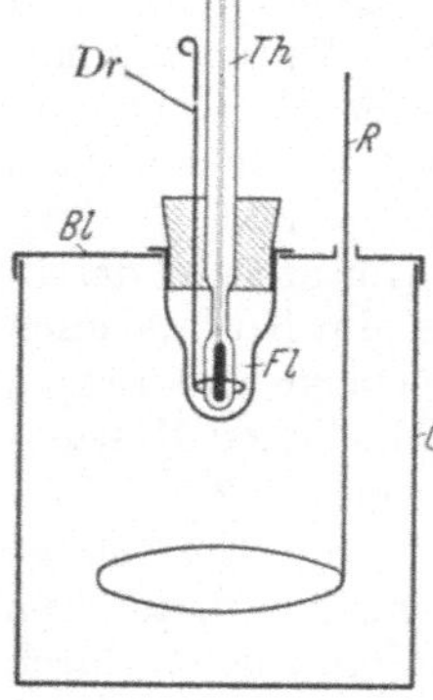

Abb. 30. Kryoskop. *G* Gefäß mit Kältemischung, *G₁* Gefäß zur Aufnahme der zu untersuchenden Lösung, *Dr* Draht zum Rühren derselben, *Th* Thermometer.

Die Evertebraten der Gruppen 1 und 2 verhalten sich bei Änderung der Salzkonzentration des Außenmediums wie die Protozoen ohne contractile Vakuole. Sie nehmen bei Verdünnung des Seewassers an Volumen und Gewicht zu, bei Verstärkung des Salzgehaltes ab. Man stellt dies am einfachsten durch Wägung fest. Das Versuchstier *Asterias, Carcinus* oder andere wird nach Ent-

$\varDelta$ in C⁰	Salzgehalt °/₀₀	$\varDelta$ in C⁰	Salzgehalt °/₀₀
— 0,055	1	— 0,910	17
0,267	5	— 1,019	19
0,320	6	— 1,074	20
0,373	7	— 1,349	25
0,480	9	— 1,627	30
0,534	10	— 1,910	35
0,802	15	— 2,196	40

nahme aus seinem normalen Wasser mit Fließpapier so gut, wie es geht, getrocknet und schnell gewogen und hierauf in das veränderte Medium gesetzt. Nach etwa 1stündigem Wiegen wird die Wägung wiederholt. Es bedarf keiner Erwähnung, daß die Gewichtsveränderung auch hier nur eine vorübergehende ist und sich nach einigen Stunden wieder ausgleicht.

Diesen Tieren lassen sich einige Landtiere anschließen: Regenwurm, der zwar in feuchter Erde lebt, aber, wie auch schon seine wasserlebenden Verwandten beweisen, kein echtes Landtier ist. Der Regenwurm reguliert seinen Wasserhaushalt im wesentlichen durch die Haut, die in beiden Richtungen für Wasser permeabel ist. Frisch gefangene Regenwürmer werden gebracht

1. in Teichwasser, 2. in eine ihren Gewebssäften isotonische NaCl-Lösung, 3. in eine hypertonische Lösung. Sie werden vorher und nachher mit Fließpapier abgetrocknet und gewogen. Es ergibt sich, daß der Wurm

nach 1stündigem Aufenthalt im Teichwasser und in der isotonischen Lösung an Gewicht zugenommen hat, in der hypertonischen Lösung nimmt er dagegen ab.

Etwas abweichend verhält sich der Frosch. Der Wasserhaushalt dieses Tieres ist sehr kompliziert, er ähnelt dem des Regenwurmes insofern, als er auch durch die Haut stattfindet. Zum Unterschied wirkt aber hier das Zentralnervensystem regulierend.

Als Tatsache wird bei den nächsten Versuchen vorausgesetzt, daß der Frosch kein Wasser durch das Maul aufnimmt. Es genügt daher, das Tier frei beweglich in ein Gefäß mit dem betreffenden Wasser zu setzen und die Gewichtsänderung zu prüfen.

1. Verhalten des normalen Frosches. Die Tiere werden 24 Stunden vor Beginn der Übung ins Trockene gesetzt. Sie werden gewogen und hierauf in folgende Salzlösungen gesetzt a) Teichwasser, b) 0,15 Mol NaCl, c) 0,40 Mol NaCl. Es ergibt sich paradoxerweise, daß die größte Wasseraufnahme nicht in Versuch a), sondern in Versuch b) stattfindet. 2. Vergleich des intakten mit dem enthirnten Frosch. Nach Zerstörung des Mittelhirns ist die Wasseraufnahme in Teichwasser viel stärker als vorher. Das Gewicht des Tieres steigt und fällt proportional der Salzkonzentration des Mediums.

Literatur: SCHLIEPER, C.: Die Osmoregulation wasserlebender Tiere. Biol. Rev. Cambridge philos. Soc. 5 (1930).

Das Blut.

Zählung der roten Blutkörperchen.

Material: Mensch, verschiedene Säugetiere, Vertreter anderer Wirbeltiergruppen. Zählapparat von THOMA-ZEISS. Mit Hilfe eines Schneppers wird an einer vorher mit Äther sorgfältig gereinigten Hautstelle der Versuchsperson ein kleiner Einschnitt gemacht und das vorquellende Blut möglichst schnell in das gläserne Capillarröhrchen bis zur Marke 1,0 aufgesaugt. Bei kleineren Wirbeltieren ist es besser, direkt eine Ader zu öffnen oder das Blut aus dem eröffneten Herzen des narkotisierten Tieres zu entnehmen. Nach der Aufsaugung des Blutes wird die Spitze des Instruments mit Watte abgewischt und 3% Kochsalzlösung bis zur Marke 101 nachgesaugt, so daß das Blut auf das 100fache verdünnt ist. Bei Kaltblütern nimmt man eine etwas schwächere Kochsalzlösung (1%). Das verdünnte Blut wird in der Ampulle des Zählapparats gut durchgeschüttelt, die ersten Tropfen aus der Capillare ausgeblasen und hierauf ein kleines Tröpfchen in die Mitte der „Zählkammer" gelegt. Zum Schluß wird das Deckplättchen aufgelegt.

Bei der Zählung selbst muß eine größere Zahl von Quadraten durchgezählt werden, die zusammen ein Feld bilden. Besonders ist dabei darauf zu achten, daß die auf einer Grenzlinie zwischen zwei Quadraten liegenden Blutkörperchen nicht doppelt gezählt werden. Man gewöhne sich daher daran, diejenigen, die auf der oberen und rechten Grenzlinie liegen, mitzuzählen, die auf der unteren und linken dagegen nicht.

Zur Berechnung der in 1 cmm unverdünnten Blutes enthaltenen Blutkörperchen sind die folgenden Angaben notwendig. Jedes Quadrat hat eine Fläche von $^1/_{400}$ qmm, während die Tiefe der Zählkammer $^1/_{10}$ mm beträgt. Der Rauminhalt des einzelnen Quadrats ist also $^1/_{4000}$ cmm. Da das Blut auf das 100fache verdünnt ist, hat man daher die durchschnittliche Zahl eines Quadrats mit 400 000 zu multiplizieren.

Die vergleichende Betrachtung verschiedener Blutarten lehrt, daß die Zahl der roten Blutkörperchen bei dem niederen Wirbeltiere erheblich geringer ist, dafür sind die einzelnen Blutkörperchen größer. Auch bei den verschiedenen Säugetieren gelten entsprechende Verschiedenheiten.

Vergleich des Hämoglobingehalts verschiedener Blutarten.

Am einfachsten ist die Benutzung des SAHLISchen Hämometers, zur genaueren Feststellung kann auch ein Colorimeter von LEITZ oder ein ähnlicher Apparat Verwendung finden. Der SAHLISche Apparat enthält zwei zugeschmolzene Glasröhrchen, die eine bestimmte Hämatinlösung enthalten. Zwischen ihnen ist das graduierte Meßröhrchen. In dasselbe kommt zunächst bis zur Marke 10 eine n/10 Salzsäurelösung, die zur Zerstörung der Blutkörperchen und zur Umwandlung des Hämoglobins in Hämatin dient. Hierzu kommen 20 cmm des betreffenden Bluts. Wenn die Zersetzung des Blutes nach etwa 10 Min. beendet ist, wird solange tropfenweise Aqua dest. zugesetzt und umgeschüttelt, bis der Farbton des Blutes mit dem der Standardröhrchen übereinstimmt. Es kann dann abgelesen werden, wieviel Prozent des in den Vergleichsröhrchen enthaltenen Hämatins im untersuchten Blut vorhanden ist. Die Messung ist also nur eine relative, aber besonders zur Vergleichung verschiedenen Bluts geeignet. Der Vergleich von Fisch, Frosch, Reptil, Vogel und Säugetier zeigt, daß die Hämoglobinkonzentration in der Wirbeltierreihe mit steigender Entwicklung zunimmt.

Unter den Wirbellosen ist die Posthornschnecke *Planorbis* für diesen Versuch geeignet. Man gewinnt das Blut, indem man die Schale des Tieres abpräpariert und einen Schnitt in die Leibeshöhle macht. Da das Blut sehr viel dünner als Wirbeltierblut ist, genügen hier nicht 20 cmm, man nimmt am besten 200 cmm; die Menge der zugesetzten Salzsäure kann dieselbe bleiben. Die an der Graduierung abgelesene Zahl muß in diesem Falle, um den richtigen Verhältniswert zum Wirbeltierblut zu bekommen, durch 10 dividiert werden.

Nachweis der Gleichheit der Häminkrystalle aus verschiedenem Blut.

Trotz der Verschiedenheit des Hämoglobins der einzelnen Tierarten ist die Farbkomponente, das sog. Hämin, stets ein und dasselbe. Zu dem nachfolgenden Versuch kann daher Blut jeder Art verwandt werden; um den Versuch möglichst lehrreich zu gestalten, nimmt man möglichst verschiedene Tiere: *Planorbis*, Regenwurm, verschiedene Wirbeltiere. Es genügt ein ganz winziges Blutströpfchen, das auf den Objektträger gebracht und dort über der Flamme eingetrocknet wird. Die eingetrockneten Reste werden mit einem feinen Messer abgeschabt und mit einer Spur Kochsalz verrieben. Es wird alsdann ein Tropfen Eisessig zugesetzt, ein Deckglas aufgelegt und der Objektträger vorsichtig über der Bunsenflamme erhitzt. Es sollen Blasen aufsteigen, aber kein Eintrocknen des Eisessigs eintreten. Nachdem der Objektträger sich abgekühlt hat, untersucht man das Präparat bei stärkerer Vergrößerung. Die braunen, stäbchenförmigen, schräg abgestutzten Krystalle finden sich gewöhnlich nicht überall, meist aber bei längerem Suchen an irgendeiner Stelle. Man überzeugt sich leicht, daß die Form der Krystalle überall dieselbe ist.

Herstellung von Hämoglobinkrystallen.

Während das Hämin allen Tieren identisch ist, zeigt das Hämoglobin, d. h. die Verbindung des Hämins mit dem von Art zu Art verschiedenen Globin, große Verschiedenheiten, die man am klarsten an der Form der Hämoglobinkrystalle erkennt. Am einfachsten ist es, derartige Krystalle vom Meerschweinchen zu gewinnen. Andere Blutsorten, besonders das Blut von Kaltblütern, sind weniger geeignet. Man macht auf einem Objektträger einen kleinen Kreis von Kanadabalsam und bringt in die Mitte ein kleines Tröpfchen defibrinierten Blutes, vermischt den Tropfen gründlich mit dem Balsam und bedeckt das Präparat mit einem Deckglas. Durch die Wirkung des Xylols tritt sehr schnell Hämolyse ein und es bilden sich binnen 1—2 Stunden die im Mikroskop zu betrachtenden Krystalle.

Arbeiten mit dem BARCROFT-Apparat (s. Abb. 31).

Obgleich dieser Apparat nicht ganz leicht zu handhaben ist, lassen sich bei geeigneter Vorbereitung einfache Blutuntersuchungen auch im Praktikum mit ihm ausführen. Das wesentlichste an diesem Apparat ist das Manometer, an welchem zwei kleine Gefäße hängen, das Blutgefäß und das Ausgleichgefäß. Mit dem rechten Schenkel des Manometers ist ein U-Rohr verbunden, das am anderen Ende ein kurzes Stück eines mit einem Glasstab verschlossenen und mit einem Quetschhahn versehenen Druckschlauches trägt. Dieses U-Rohr, dessen untere Hälfte ebenfalls mit der Manometerflüssigkeit (Nelkenöl oder Petroleum) gefüllt ist, dient zur absoluten Bestimmung der eingetretenen Volumenveränderung. Wenn während des Versuches die Flüssigkeitssäule um einige Zentimeter gestiegen ist, dreht man nach Ablesung des Standes der Flüssigkeitssäule im U-Rohr solange am Quetschhahn, bis im Manometer wieder beide Säulen gleichhoch stehen. Die sich ergebende Ablesungsdifferenz im U-Rohr gibt unmittelbar in Kubikmillimeter an, wieviel Sauerstoff aufgenommen oder abgegeben worden ist.

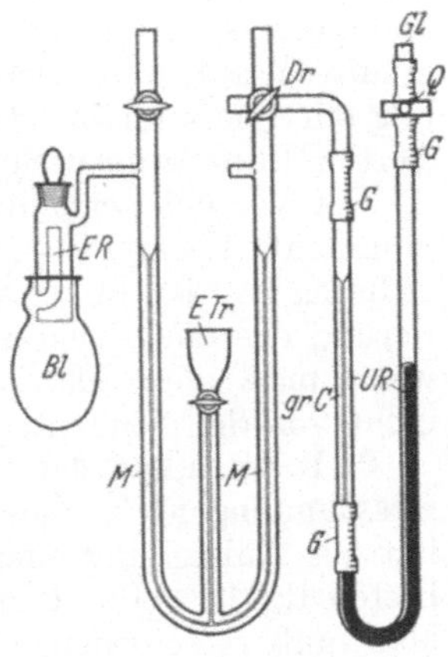

Abb. 31. BARCROFT-Apparat. *M* Manometer, *ETr* Einlauftrichter für die Manometerflüssigkeit, *Bl* Gefäß zur Aufnahme des Blutes, *ER* Einlaufröhrchen, *UR* U-Rohr, *Dr* Dreiwegehahn, *G* Gummischlauch, *Q* Quetschhahn.

Versuch 1. Bestimmung der maximalen Sauerstoffkapazität verschiedener Blutsorten. Man wählt zur Untersuchung Blut verschiedener Wirbeltiere: Fisch, Schildkröte, Säugetier. Mehrere Kubikzentimeter Blut, durch Zusatz von etwas Ammoniumoxalat ungerinnbar gemacht, werden in ein Tonometer gebracht, d. h. eine $^3/_4$ Liter fassende Glaskugel, die oben mit einem eingeschliffenen Glasstöpsel geschlossen ist und unten in ein kurzes Ansatzrohr mit Hahn ausläuft. Das Tonometer wird wagerecht gelegt, von einer Stickstoffbombe aus mit reinem Stickstoff gefüllt und oben geschlossen. Nachdem auch der Hahn geschlossen ist, wird das Tonometer mindestens $^{1}/_{2}$ Stunde lang im Wasserbad dauernd gedreht, so daß sich eine ganz dünne Blutfolie am Glase bildet. Mindestens zweimal, also alle 10 Min., muß neuer Stickstoff zugeleitet werden. Das Tonometer wird jetzt senkrecht gestellt und mit einer graduierten Pipette möglichst genau 1 ccm des Blutes aufgenommen. Beim Kaltblüterblut muß dies ziemlich schnell geschehen wegen der großen Sinkgeschwindigkeit der Blutkörperchen. Der Kubikzentimeter Blut wird in das eine Gefäß des BARCROFT-Apparats gebracht, und zwar wird es einer vorher in das Gefäß eingefüllten Menge von 2 ccm Ringerlösung *unterschichtet*. Bei Fisch und Schildkröte nimmt man am besten Froschringer- (0,6%). Ammoniak darf nicht genommen werden, weil die Aufnahmefähigkeit des Kaltblüterblutes sehr stark vom p_H abhängt. In das andere kommt die gleiche Menge Wasser (3 ccm). Die Hähne bleiben nach außen geöffnet, der Apparat kommt für etwa 10 Min. ins Wasserbad. Hat man sich überzeugt, daß das Instrument temperaturkonstant ist, also beim Schließen der Hähne keine Schwankungen der Manometersäule auftreten, so fängt man nach Ablesen des Flüssigkeitsstandes im U-Rohr an, den Apparat heftig zu schütteln. Es muß dies mindestens 10 Min. geschehen. Man beobachtet das Ansteigen der Flüssigkeit in dem Schenkel des Manometers, welches mit dem Blutgefäß verbunden ist und hört mit Schütteln auf, wenn sich gar keine Änderung mehr ergibt. Durch Drehung am Quetschhahn stellt man die absolute Menge des vom total reduzierten Blute aufgenommenen Sauerstoffs fest.

Der Versuch zeigt, daß 1 ccm Säugetierblut wesentlich mehr O_2 aufnimmt als 1 ccm Blut eines niederen Wirbeltiers. Die geschilderte Anordnung hat den unvermeidbaren Fehler, daß eine sehr genaue Einpipettierung des einen ccm Blutes erforderlich ist. Es ist daher am besten, wenn man diese Manipulation von einer eingearbeiteten Person und nicht von den Studenten selbst machen läßt.

2. Bestimmung der relativen Sättigung des Blutes bei verschiedenen Gasspannungen. Zu diesen Versuchen, die bei genügender Zeit und Sorgfalt zur Aufstellung einer sog. Sättigungskurve führen, nimmt man am besten Rinder- oder Pferdeblut vom Schlachthaus, kein Kaltblüterblut! Man muß verschiedene Gasometer zur Hand haben, von denen der eine mit Luft, die anderen mit Stickstoff-Sauerstoffgemischen von 50, 20 und 5 mm Hg O_2 gefüllt sind. Die Behandlung des Blutes im Tonometer ist die gleiche wie vorher. In das Blutgefäß kommt 2 ccm BARCROFT-Ammoniak (2 ccm konzentrierter Ammoniak auf 1 Liter Wasser). Es ist jetzt zu erwähnen, daß das Gefäß ein Zulaufröhrchen hat, das rechtwinklig gebogen ist (E. R. Abb. 31) und am Schliff endigt. Das Gefäß hat an einer Stelle in der Höhe des Schliffs eine Ausbeulung, so daß die im Röhrchen enthaltene Flüssigkeit in das Gefäß läuft, wenn man dieses soweit dreht, daß die untere Öffnung des Zulaufröhrchens in die gleiche Vertikalebene wie diese Ausbeulung zu liegen kommt. Nachdem man den Kubikzentimeter Blut dem Ammoniak unterschichtet hat, füllt man das Röhrchen mit konzentrierter Ferricyankaliumlösung. Nunmehr stellt man den Apparat ins Wasserbad und wartet den Temperaturausgleich ab.

Der eigentliche Versuch zerfällt in zwei Phasen. In der ersten schüttelt man und bestimmt, wie beschrieben wurde, die O_2-Aufnahme. Hierauf läßt man das Ferricyankalium zulaufen. Dasselbe vertreibt in ammoniakalischer Lösung allen Sauerstoff aus dem Blut. Man schüttelt wiederum kräftig und bestimmt die O_2-Abgabe. Wenn man 15 cmm Aufnahme und 60 cmm Abgabe gemessen hat, bedeutet dies, daß das Blut vorher $60 - 15 = 45$ cmm O_2 enthalten hat. Die Sättigung des Bluts bei der betreffenden O_2-Spannung im Tonometer beträgt also $^{45}/_{60} = 75\%$. Mit dem BARCROFT-Apparat lassen sich noch eine Reihe weiterer einfacher Feststellungen machen.

Abhängigkeit des Sättigungsvermögens des Blutes von der Temperatur. Man wählt eine mittlere O_2-Spannung, z. B. 50 mm Hg, und bringt das Blut (Rinderblut) mit diesem Gasgemisch im Tonometer ins Gleichgewicht, einmal bei 15^0, das andere Mal bei 37^0. Es ergibt sich, daß sich das Blut bei 15^0 sehr viel mehr sättigt.

Verschiedenheit der Affinität etlicher Blutsorten. Man vergleicht Froschblut und Rinderblut bei der gleichen Temperatur und der gleichen O_2-Spannung. Es ergibt sich, daß sich das Rinderblut viel mehr sättigt, es besitzt also eine wesentlich größere Affinität zum Sauerstoff als das des Frosches.

Abhängigkeit der Aufnahmefähigkeit des Blutes vom p_{II}. Hierzu ist am besten Fischblut geeignet, bei dem diese Abhängigkeit maximal ist. Das Blut wird durch Saponinzusatz lackfarben gemacht, d. h. die Blutkörperchen werden zerstört; da es in diesem Zustande sehr leicht schäumt, ist es vorteilhaft, ein bis zwei Tropfen Heptyl- oder Oktylalkohol zuzusetzen. Das so vorbehandelte Blut wird im Tonometer mit Stickstoff behandelt, also völlig reduziert. Man nimmt nunmehr zwei Proben des gleichen Blutes und unterschichtet die eine einer isotonischen Ringerlösung, die andere dem üblichen BARCROFT-Ammoniak.

Es ergibt sich, daß das ammoniakalische Blut sehr viel mehr Sauerstoff aufnimmt als das andere. Auf eine exakte p_H-Bestimmung des Blutes wird im Praktikum lieber verzichtet.

Die quantitative Bestimmung des Blutzuckers

geschieht am einfachsten mit Hilfe des Colorimeters nach CRECELIUS-SEIFERT Zeiss-Ikon. Die Methode beruht darauf, daß der Blutzucker in der Hitze Pikrinsäure zu der roten Pikraminsäure reduziert, deren Menge am Apparat colorimetrisch abgelesen werden kann.

Es werden 0,2 ccm Blut mit 1,8 ccm dest. Wasser verdünnt und hierzu 1 ccm einer 1,2%igen Pikrinsäurelösung getan. Es muß chemisch reine Pikrinsäure genommen werden, auch muß sie auf das genaueste die angegebene Stärke besitzen. Die Pikrinsäure muß ferner frisch sein und, da sie lichtempfindlich ist, im Dunkeln gehalten werden. Die Pikrinsäure fällt das Bluteiweiß aus, das in einem kleinen Trichter abfiltriert wird[1].

---

[1] Zum Filtrieren ist am besten das Spezialfiltrierpapier Nr. 5878 der Firma Schleicher & Schüll, Düren, zu nehmen.

Das Filtrat wird in ein graduiertes Reagensglas getan und 20% Natronlauge im Verhältnis 1 : 10 zugesetzt.

Das Reagensglas wird jetzt in einen Erlenmeyerkolben gehängt, der
mit kochendem Wasser gefüllt ist und in diesem Wasserbade genau
5 Min. gekocht. Hierauf wird das Glas herausgenommen und unter der
Wasserleitung abgekühlt. Die abgekühlte Lösung wird in das zum
Apparat gehörende Vierkantröhrchen getan und dieses in die entsprechende Öffnung des Colorimeters gesteckt. Man dreht nun an dem
rechts befindlichen Rädchen so lange, bis man durch das Okular die zu
messende und die Vergleichslösung gleich hell sieht. Nach Umlegung
des Hebels wird die Skala frei, an der der Zuckerwert in mg-% (d. h.
. . . . mg pro 1 ccm Blut) unmittelbar abgelesen werden kann.

Im vergleichend-physiologischen Praktikum ist es zweckmäßig,
mehrere Blutsorten miteinander zu vergleichen: Säugetier, Frosch,
Schnecke usw. Aus einem solchen Vergleich ergibt sich zweierlei:
Erstens, daß Zucker in sehr verschiedenen Blutarten vorkommt, und
zweitens, daß seine Menge im Säugetierblut wesentlich höher ist als
z. B. beim Frosch.

Blutgerinnung.

Die Physiologie der Blutgerinnung dürfte bei allen Wirbeltierklassen
etwa dieselbe sein. Zur Einführung in dieses Kapitel dienen am besten
die üblichen Versuche mit Rinder- und Pferdeblut vom Schlachthof.
Das Blut darf nicht defibriniert sein, die Gerinnung wird durch Zusetzen
von etwas Ammoniumoxalat verhindert.

Zum Beweis, daß die Gerinnung sich im Blutplasma vollzieht, werden
die roten Blutkörperchen abzentrifugiert.

Zur Demonstration der Notwendigkeit des Kalkes zur Gerinnung
wird ein Reagensglas mit dem gelieferten calciumfreien Plasma gefüllt,
ein anderes mit solchem Blutplasma, dem etwas Chlorcalcium zugesetzt
wird. Nur dieses zweite zeigt nach einiger Zeit die typische Gerinnung.

An diese einfachen Versuche können sich die folgenden etwas
spezielleren anschließen.

1. Darstellung eines von selbst nicht gerinnenden Blutplasmas.

Ein Huhn wird mit Äther betäubt, am Hals und dem vordersten Teil
der Brust gerupft und auf ein Brett gespannt mit dem Rücken zum
Brett. An den Seiten des Halses sieht man die beiden dort liegenden
großen Venen blau durch die dünne Haut schimmern; ohne daß Blut-
verlust eintritt, wird die Haut des Halses über einer dieser Adern entfernt,
die Vene selbst von Gewebe, Nerven und anhaftendem Fett befreit und
vom Hals abgehoben. Unter das so abpräparierte Blutgefäß schiebt
man ein Stück Fließpapier und deckt die umgebende Wunde mit Watte
und Papier ab. Dann wird mit einer kleinen scharfen Schere ein winkel-
förmiger Schnitt in die Wand des Blutgefäßes geführt und von dort aus
eine innen und außen paraffinierte dünntrompetenförmige Glasröhre ins
Innere der Ader mit Richtung nach dem Kopfe zu eingebunden. Beim
Hineinstecken der Kanüle erleichtert der über dem Loch stehen ge-
bliebene Zipfel der Gefäßwand, der sich mit der Pinzette fassen läßt,

erheblich das Auffinden des Venenlumens. Ehe jedoch der Einschnitt
erfolgt, muß die Ader nach dem Kopfe zu mit einer Arterienklemme und
nach dem Rumpf hin durch eine Abbindung verschlossen werden.

Jetzt wird das Brett mit dem Huhn darauf senkrecht gestellt, so daß
dessen Kopf nach unten hängt. Die Vene wird zwischen der nach dem
Rumpf zu gelegenen Abbindung und der Stelle, wo das Glasröhrchen
eingebunden ist, durchschnitten, und zwar möglichst nah an dem
Röhrchen, so daß Ader und Röhrchen nunmehr wie ein Gummischlauch
frei nach unten hängen. Darauf wird die Arterienklemme geöffnet,
wonach das Blut zuerst spritzend aus der paraffinierten Kanüle austritt.

Die ersten Tropfen Blut läßt man verloren gehen, um dann ein innen paraf-
finiertes Zentrifugenglas unter die Öffnung der Kanüle zu halten und so
das ausströmende Blut aufzufangen.
Ein Huhn liefert bei diesem Verfahren
bis zu 40 ccm Blut.

Mit peinlichster Genauigkeit ist während des ganzen Vorganges darauf zu
achten, daß die Kanüle vor, während
und nach dem Einbinden nicht mit
sonstigem Gewebe des Huhnes in Berührung kommt, und daß auch aus der
Wunde keine Spuren von Gewebesaft
sich dem Blute beimischen oder in das
Zentrifugenglas tropfen können. Durch
derartige Verunreinigungen tritt so-
fort oder während des Zentrifugierens Gerinnung im Blute ein.

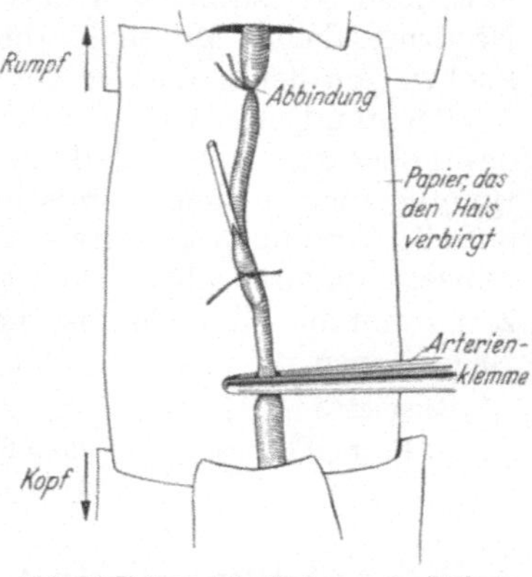

Abb. 32. Präparat der Halsvene des Huhnes.
Nach FRITSCH.

Ist es so gelungen, flüssiges Blut in den Zentrifugenröhrchen zu
sammeln, so kommen sie für 5 Min. in die Zentrifuge und werden dort
mit einer Geschwindigkeit von 3000 Touren pro Minute abgeschleudert.

Beim Herausnehmen steht das Blutplasma klar durchsichtig gelb
über dem roten Körperchensatz; zwischen beiden eine dünne Schicht
weißer Körperchen.

Das Blutplasma wird mit einer innen und außen paraffinierten Pipette,
welche die Abmessung von 1 ccm gestattet, abgesaugt und zu je 1 ccm
in paraffinierte Salznäpfchen überführt, die ihrerseits in als feuchte
Kammer eingerichteten Petridosen stehen. Hier hält es sich ohne Zusätze
unbegrenzt flüssig.

2. *Darstellung des gerinnungsfermenthaltigen Leberextraktes.*

Die Leber oder ein genügend großes Stück davon wird gewogen, in
einen Mörser getan und dort mit Seesand möglichst fein zerrieben. Dann
wird das gleiche Gewicht physiologischer Kochsalzlösung hinzugefügt,
umgerührt und das Ganze 1 Stunde stehen gelassen.

Hierauf wird der dünne Brei in Zentrifugengläser abgegossen und
10 Min. mit 3000 Touren/min zentrifugiert.

Beim Herausnehmen aus der Zentrifuge steht der rötliche Leberextrakt über den abgesetzten Gewebefetzen und dem Sand.

Bei Fischen ist der Extrakt noch von einer oft erheblichen Fettschicht überdeckt, die am besten vor Verwendung des Extraktes mit einer an die Saugpumpe angeschlossenen Pipette abgesaugt wird. Auch bei sehr fetten Hühnern kann das nötig werden.

3. Das Blutplasma vom Huhn gerinnt nach Zugabe des gerinnungsfermenthaltigen Leberextraktes vom Huhn.

Gibt man zu 1 ccm Blutplasma vom Huhn 0,5 ccm Leberextrakt vom Huhn, so tritt in durchschnittlich 4 Min. Gerinnung des Gemisches ein. Man kann die Petridose mit dem das Gerinnungsgemisch enthaltenden Salznäpfchen senkrecht hochstellen, ohne daß etwas aus dem Näpfchen fließt. Mit einem dünnen Glasfaden läßt sich der Gerinnungskuchen von der Unterlage trennen ohne deformiert zu werden.

Bestimmt man während der Gerinnungszeit, d. h. sofort nach Zugabe des Leberextraktes und dann fortlaufend bis zur Vollendung der Gerinnung, den in dem Gemisch enthaltenen Zucker, so läßt sich zeigen, daß die Gerinnung begleitet wird von einer starken Glykolyse, die jedoch teilweise dadurch überdeckt ist, daß im Leberextrakt der Zucker mit der Zeit zunimmt. Trotzdem ist die Abnahme des Zuckers stets sehr deutlich zu erkennen.

Beispiel:

1 ccm Plasma + 0,5 ccm Leberextrakt	Zeit	Zucker mg-%
	13^{40}	591
	13^{41}	560
	13^{44}	549
Gerinnungszeit 4 Min.		

4. Das Blutplasma vom Huhn gerinnt zögernd nach Zugabe fremder Leberextrakte.

Mischt man 1 ccm Hühnerplasma mit 0,5 ccm Leberextrakt eines Tieres aus einer anderen systematischen Klasse, bei dem dieser Leberextrakt prompte Gerinnung mit Zuckerabbau auslöst, so tritt die Gerinnung im Hühnerplasma nur sehr zögernd nach Stunden auf. Der gebildete Gerinnungskuchen ist weich und wird bei dem Versuch, ihn anzuheben, vom untergeschobenen Glasfaden zerschnitten.

Gleichzeitige Zuckerbestimmungen ergeben keine Glykolyse.

Beispiel:

1 ccm Hühnerblutplasma + 0,5 ccm Leberextrakt 10%ig von	Zeit	Zucker	Gerinnung
Rochen (10^{04})	17^{07}	114	—
	17^{19}	112	—
	17^{33}	107	—
	19^{10}	. . .	Gerinnsel
Gerinnungszeit 150 Min	19^{35}	. . .	Kuchen
Huhn (18^{41})	18^{42}	107	—
	18^{43}	96	—
	18^{44}	87	—
	18^{45}	73	—
	18^{46}	65	—
	18^{47}	65	—
Gerinnungszeit 7 Min.	18^{48}	64	+

Der Zuckerabbau wird deutlicher, wie hier gezeigt, bei Verdünnung der nach dem oben gegebenen Rezept hergestellten Leberextrakte. So wurde hier eine 10%ige Verdünnung des Urextraktes zur Anwendung gebracht.

5. Das Blutplasma vom Huhn gerinnt zögernd nach Zugabe anorganischer Suspensionen.

Zur Auslösung der Gerinnung im Hühnerplasma genügt eine Beimischung einer Suspension von Holzkohle (Carbo medicinalis MERCK) in physiologischer Kochsalzlösung.

Die hierbei auftretende Gerinnung zeigt genau die gleichen Erscheinungen wie die mit fremden Leberextrakten ausgelöste.

Der gebildete Gerinnungskuchen ist weich und benötigt zu seiner Entstehung mehrere Stunden. Ein Zuckerabbau findet nicht statt.

Beispiel:

1 ccm Hühnerblutplasma + 0,5 ccm Holzkohlesuspension	Zeit	Zucker	Gerinnung
Mischung 11³¹	12⁰⁰	147	—
	13²¹	154	Gerinnsel am Boden
	15⁰⁸	152	Kohleteilchen zu am Boden haftendem Gerinnsel verklebt
	16⁰⁵		Im ganzen +, zu weichem Kuchen
Gerinnungszeit 274 Min.			

Literatur: FRITSCH, R. Vergl.-physiol. Beobachtungen der Blutgerinnung bei Kaltblütern. Zool. Jb., Physiol. **57**, 129.

Blutkreislauf und Herz.

1. Anneliden.

Zur Beobachtung der Blutbewegungen der Anneliden sind nur kleinere, durchsichtigere Formen geeignet, unter den Oligochäten *Tubifex* und vor allem *Lumbriculus*, unter den Polychäten *Nereis diversicolor* und in hervorragendem Maße *Lagis koreni*. Um die Peristaltik deutlich wahrnehmen zu können, ist es vorteilhaft, die Tiere vorher in Eiswasser zu legen. Außerdem kann man sie betäuben. Am besten hierfür geeignet ist das folgende Gemisch: 25 g Trichlorbutylalkohol werden in 40 ccm absoluten Alkohol gelöst. 1 ccm dieser Lösung wird einem Liter Wasser zugesetzt. Die Bewegungslosigkeit der Würmer tritt in der Regel innerhalb von 5 Min. ein, die Peristaltik der Blutgefäße wird in keiner Weise beeinflußt.

Die Aufmerksamkeit des Beobachters soll sich zunächst darauf konzentrieren, die Richtung der Blutströmung in den einzelnen Teilen des Blutgefäßsystems festzustellen. Hierbei findet man, daß sich nicht alle Gefäße an der Peristaltik aktiv beteiligen. Der Hauptmotor ist das dorsale Längsgefäß und gewisse Queräste desselben. Mitunter, z. B. bei *Lagis koreni* und *Lumbriculus* finden sich blind endigende Quergefäße (Blindsäcke) in denen das Blut hin und herpendelt. Die Peristaltik im Rückengefäß verläuft, wie leicht erkannt werden kann, stets von hinten nach vorn, als Ursache derselben ist leicht der Füllungsdruck festzustellen, da stets auf die maximale Füllung die energische Kontraktion des betreffenden Teiles erfolgt. Auch ist man imstande, die Richtung der Peristaltik umzukehren. Bei *Nereis* genügt hierzu vorübergehende Abquetschung des Rückengefäßes in der Körpermitte, die von einer tonischen Kontraktur des Gefäßes beantwortet wird. Solange diese anhält, beginnt, wenn die Blutwelle von hinten bis zu dieser Stelle gelangt ist, hier eine Antiperistaltik infolge der Dehnung der Gefäßwände.

Literatur: HAFFNER, K. v.: Untersuchungen über die Morphologie und Physiologie des Blutgefäßsystems von *Lumbriculus variegatus*. Z. Zolo. **130** (1927). — JÜRGENS, O.: Wechselbeziehungen von Blutkreislauf, Atmung und Osmoregulation bei Polychäten. Zool. Jb., Physiol. **55** (1935).

2. Mollusken.

Zum Studium des Blutkreislaufs im allgemeinen sind gewisse sehr durchsichtige marine Muscheln hervorragend geeignet (*Cultellus pellucidus* jung, bis 1 cm lang). Die Tiere können ohne weitere Behandlung im Uhrschälchen oder unter dem Deckglas bei mittlerer Vergrößerung betrachtet werden. Sie eignen sich vorzüglich zur Demonstration der Tatsache, daß auch beim sog. offenen Blutgefäßsystem eine geordnete Zirkulation des Blutes stattfindet. Interessant ist die Beobachtung, daß ein namhafter Teil des Blutes die Kieme meidet und andere Wege nimmt. Von den Herzen der Mollusken seien die von *Helix* und *Mytilus* besprochen.

Helix. Die Präparation geschieht in der Weise, daß man die Schale in geeigneter Weise einspannt (kleiner Schraubstock) und mit einer Pinzette die Kalkschale vorsichtig abpräpariert. Die Öffnung muß ziemlich weit sein. Das Perikard liegt in einer großen Einbuchtung der Niere. Die Wand des Perikards wird durch einen Querschnitt an der der Aorta zugekehrten Seite eröffnet. Man sieht jetzt den muskulösen Ventrikel und das dünnwandige, kleinere Atrium. Diese beiden Herzteile lassen sich zugleich mit gewissen Stellen des Perikards, mit denen sie verwachsen sind, herausschneiden.

Zur weiteren Beobachtung wird das Herz in ein Schälchen mit Schneckenblut gelegt. Man kann jetzt die Schlagfrequenz von Atrium und Ventrikel mit der Stoppuhr feststellen, wobei sich ergibt, daß das Atrium weit schneller schlägt. Der Einfluß der Dehnung kann am leichtesten ermittelt werden, indem man das Herz am einen Ende mit der Pinzette faßt und frei herunterhängen läßt. Wenn hierbei das Atrium oben, der Ventrikel sich unten befindet, so schlägt das durch das Gewicht des Ventrikels belastete Herz wesentlich schneller als im umgekehrten Falle. Zur Registrierung des Herzschlages am Kymographion ist das sehr zarte Herz von Helix wenig geeignet.

Mytilus. Die eine Schalenhälfte der Muschel wird vorsichtig entfernt. Man zerschneidet hierzu den hinteren Schließmuskel unmittelbar an der Schale, so daß man imstande ist, die Schale ohne Mantel wegzunehmen. Man öffnet hierauf den Mantel durch ein Fenster. Man entfernt hierauf den Mantel und schneidet in die Leibeswand, dort wo das Herz liegt, ein viereckiges Fenster. Endlich wird der Perikardialraum aufgeschnitten und aufgeklappt, so daß man das Herz frei liegen sieht.

Der Ventrikel kann vorn und hinten sowie seitlich am Ansatz der Vorhöfe abgetrennt und isoliert in ein Uhrschälchen mit Muschelblut gelegt werden. Er schlägt, wenn auch schwächer, weiter. Hieraus ist ersichtlich, daß das Molluskenherz den Füllungsdruck nicht unmittelbar als Reiz braucht. Man kann den Ventrikel aber auch im Körper lassen und seine Bewegungen mit Hilfe einer sehr kleinen Klammer und einer geeigneten Hebelvorrichtung auf das Kymographion übertragen. Dieser Versuch ist allerdings etwas schwierig. Gelingt er, so ist es möglich, den Einfluß des Herz-Nervensystems auf den Herzschlag zu prüfen. Das Muschelherz ist doppelt innerviert, erhält also erregende und hemmende Fasern. Der faradische Reiz wird am einfachsten am Visceralganglion gesetzt, das sehr oberflächlich am Ventralrande des hinteren Schließmuskels gelegen ist. In der Mehrzahl der Fälle reagiert das Herz durch Tonussenkung und vorübergehenden Stillstand.

Literatur: DIEDERICHS, W.: Zool. Jb., Physiol. **55** (1935).

Daphnia. Das sehr einfache Herz von Daphnia ist ein beliebtes Objekt zum Studium der Abhängigkeit des Herzschlages von der Temperatur. Es genügt hierzu die folgende sehr einfache Apparatur. Man läßt sich vom Glasbläser ein kleines linsenförmiges Gefäß bauen, das von oben gesehen kreisförmig ist, im Querschnitt auf der einen Seite plan, auf der anderen konkav ist. Das Gefäß, dessen Dimensionen die nebenstehende Zeichnung wiedergibt, trägt jederseits einen kurzen Ansatz zum Überziehen eines Gummischlauchs.

Das Gefäß wird mit einer planen Fläche nach unten auf dem Objektträger eines Mikroskops montiert; in die Höhlung kommt eine Daphnie in einer kleinen Wassermenge unter ein Deckglas. Man durchströmt von einem hochstehenden größeren Gefäß mit konstanter Temperatur das Gefäß, dessen Temperatur sich dem Körper der Daphnie schnell mitteilt, und beobachtet mit der Stoppuhr die Frequenz des Herzschlages.

Umkehr des Herzschlages.

Bei gewissen Tieren ist die Richtung der peristaltischen Blutwelle nicht konstant, sondern kehrt in regelmäßigem Rhythmus um.

Ascidien. Das bekannteste und am leichtesten zu studierende Tiermaterial, an dem dieses Phänomen zu beobachten ist, sind die Ascidien. Geeignet sind kleinere und durchsichtige Tiere (*Clavellina*, junge Exemplare von *Ciona intestinalis*). Häufig ist es notwendig, den Mantel abzupräparieren; unter Umständen kann es auch erforderlich sein, ein Fenster in den Hautmuskelschlauch zu schneiden, damit das Herz gut sichtbar wird.

Das Herz hat die Form einer u-förmig gebogenen Wurst. Bei Betrachtung der peristaltischen Wellen, die über den Herzschlauch weggleiten, findet man nach einigen Minuten einen kurzen Stillstand, der von einer Umkehr des Herzschlages gefolgt ist. Die Zahl der Herzschläge in beiden Richtungen bis zum Wechsel ist zu zählen. Es ergibt sich, daß die eine Phase wesentlich länger ist als die andere.

Insekten. Nach GEROULD ist die Umkehr des Herzschlages sehr weit verbreitet bei den Puppen und Imagines holometaboler Insekten. Zur Beobachtung wird das Tier geköpft und hierauf Flügel und Beine abgeschnitten. Durchsichtige Tiere wie gewisse Fliegen können jetzt ohne weitere Behandlung vom Rücken her betrachtet werden. Bei anderen wird das Abdomen seitlich aufgeschnitten, das Tier im Präparierschälchen in Rückenlage gebracht und die ganze ventrale Hälfte des Abdomens mit den Eingeweiden weggeschnitten. Man erhält so ein Präparat, das nur die dorsale Chitindecke, das Herz und den Fettkörper enthält. Man sieht im Binokular sehr deutlich die peristaltischen Wellen über den Herzschlauch gleiten.

Literatur: GEROULD, J. H.: Biol. Bull. Mar. biol. Labor. Wood's Hole **64** (1933).

Das Herz der Wirbeltiere, das, wie bekannt, infolge seiner Größe und Widerstandsfähigkeit, ungleich geeigneter zu physiologischen Versuchen als das der Wirbellosen ist, ist wie das der Mollusken automatisch tätig. Es schlägt daher weiter, wenn es vollständig aus dem Körper herausgenommen ist. Im Gegensatz zum Mollusken, Schnecken- und Muschelherz besitzt es aber bestimmte Automatiezentren. Sie werden gefunden durch lokale Erwärmung oder durch Anlegen der sog. STANNIUSschen Ligaturen. Im folgenden soll nur die Wirkung der 1. STANNIUSschen Ligatur beim Fischherz und Froschherz besprochen werden. Sie wird so gelegt, daß der Sinus venosus vom Vorhof abgeschnürt wird. Nach diesem Eingriff bleibt beim Frosch der Vorhof und die Herzkammer stehen, während der Sinus venosus weiterschlägt. Das wichtigste Automatiezentrum des Froschherzens liegt also im Sinus.

Die Fische verhalten sich verschieden. Beim Aal (sowie bei den Selachiern) arbeitet nach Anlegen der Ligatur sowohl das Herz als auch der Sinus weiter. Hieraus folgt, daß das Herz neben dem Sinus noch andere Automatiezentren besitzt. Bei den meisten anderen Teleosteern (*Leuciscus, Cyprinus, Gadus* u. a.) bleibt dagegen der Sinus nach Anlegen der 1. STANNIUSschen Ligatur stehen, während das Herz weiterschlägt. Bei diesen Fischen fehlt also im Sinus venosus ein derartiges Zentrum.

Literatur: SKRAMLIK, E. v.: Erg. Biol. **11** (1935).

Beobachtung des Blutkreislaufes in der Froschlunge.

Der mit Äther betäubte Frosch wird auf die Seite gelegt und die Haut sowie die dünne Muskelschicht der Leibeswand durch einen Längsschnitt in der Seite durchtrennt. Man sieht die Lunge frei liegen. Man darf nicht zu nahe bis zur Achsel schneiden, da man sonst leicht größere Blutungen erhält. Nachdem dieser Schnitt auf beiden Seiten durchgeführt ist, faßt man die eine Lunge mit einer Pinzette in der Nähe der Spitze, macht mit einer feinen Schere ein kleines Loch und steckt in die sofort kollabierende Lunge eine Glaskanüle, die bis zur Lungenbasis eingeführt wird. Mit einem Seidenfaden wird die Lunge an der Kanüle abgebunden. Das Maul des Tieres muß geschlossen sein; um durch die Glottis entweichende Luft am Austritt durch Nase und Mund zu verhindern, legt man über Mund und Nase etwas feuchte Watte. Man bläst jetzt durch die Kanüle, die am anderen Ende ein Gummirohr mit Quetschklammer trägt, kräftig Luft in die Lunge, die in die andere Lunge übertritt und sie aufbläht, so daß sie aus der seitlichen Leibeswand weit vortritt. Das Präparat wird auf einer Glasscheibe unter das Mikroskop gelegt und zwar so, daß die Lunge von unten direkt beleuchtet werden kann. Man betrachtet am besten die sehr durchsichtige Lungenspitze.

Literatur: JÄGER: Eine Methode zur Beobachtung des Blutkreislaufs in der Froschlunge. Pflügers Arch. **235** (1935).

Beobachtung des Kreislaufs in der Schwimmhaut des Frosches.

Auf einer Glasscheibe von etwa 15×10 cm, groß genug, daß ein Frosch auf ihr ausgestreckt Platz hat, wird in einer Ecke ein Korkring aufgeklebt, dessen innerer Durchmesser etwa 10—15 mm beträgt. Der Fuß eines kurarisierten oder mit Äther betäubten Frosches wird mit einigen Nadeln so auf dem Korkring festgesteckt, daß die ausgebreitete Schwimmhaut auf die Öffnung des Ringes zu liegen kommt und von unten beleuchtet werden kann. Man beobachtet unter dem Mikroskop das Strömen der Blutkörperchen.

Hämocyanin. Dieser hauptsächlich bei Mollusken und Crustaceen vorkommende Farbstoff wird in den meisten Laboratorien am leichtesten von der Weinbergschnecke gewonnen. Es genügen im allgemeinen die folgenden Versuche: Durchschütteln des Blutes mit Luft und mit Stickstoff.

Färbung des Hämocyanins im oxydierten und reduzierten Zustande (farblos).

Der Nachweis des Kupfers im Hämocyanin (blau) bzw. im Schneckenblut ist im Praktikum nur schwierig durchzuführen.

Atmung.

Aus technischen Gründen muß unterschieden werden zwischen der Luftatmung und der Wasseratmung.

Zur messenden Untersuchung der *Luftatmung* sind sehr viele verschiedene Apparate erdacht worden. Als der brauchbarste für kleine Tiere erscheint auch heute noch das von KROGH angegebene einfache Respirationsmanometer. Dasselbe besteht aus einem U-förmigen Glasrohr von etwa 25 cm Länge, dessen Schenkel einander nahezu berühren, die Innenweite soll nur wenig oberhalb der Capillaritätsgrenze liegen und etwa 0,5 mm betragen. Jedes der beiden Rohre läuft oben in ein offenes Ende aus und trägt außerdem einen seitlichen Ansatz, der nach unten abgebogen ist und durch kurzen Druckschlauch mit dem Gefäß verbunden werden kann, welches das atmende Tier enthält. Dem Tiergefäß auf der einen Seite entspricht das gleich große Ausgleichgefäß auf der anderen Seite. Die Größe der Gefäße kann je nach dem Versuchstier zwischen 20 und 100 ccm wechseln. Jedes der beiden Gefäße trägt einen Deckel mit Schliff. Der ganze Apparat wird auf ein senkrechtes Holzbrett mit Fuß montiert. Tier- und Ausgleichsgefäß müssen

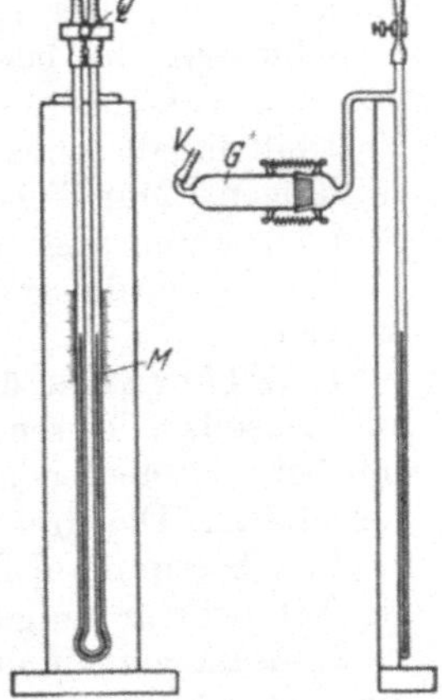

Abb. 33. KROGHsches Manometer. *M* Manometer, *G* Tiergefäß bzw. Ausgleichgefäß, *V* Verbindungsschlauch zwischen beiden Gefäßen, *Q* Quetschhahn, *Mill* Millimeterpapier zum Ablesen der Steighöhe.

während des Versuchs in ein Wasserbad gehängt werden. Über die freien Enden des U-Rohres wird je ein kurzer Gummischlauch gezogen. Beide

Schläuche können durch einen gemeinsamen Quetschhahn geschlossen werden. Tiergefäß und Ausgleichsgefäß sind durch einen Gummischlauch verbunden. Diese Verbindung dient zum Durchleiten von Gas (Vers. 2); während des Versuches ist der Schlauch durch einen Quetschhahn verschlossen.

Als Material dienen am besten bewegungslose Tiere: Stabheuschrecken in Starrezustand, Schmetterlingspuppen, es können aber auch sich bewegende Tiere genommen werden, nur erhält man dann keine ausschließliche Messung des Ruhestoffwechsels. In das Tiergefäß kommt zu unterst etwas Natronkalk (etwa 1—2 ccm), darüber ein der Form des zylindrischen Gefäßes angepaßtes rechteckiges Stück Drahtgaze. Auf dieselbe die ruhenden Stabheuschrecken. In ein Gefäß von 100 ccm können drei bis vier dieser Tiere hineingebracht werden. Der Schliff des Deckels ist gut einzufetten; metallene Spiralfedern oder Gummifäden müssen den Deckel fest aufpressen. Beim Ausgleichgefäß kommt falls es auch einen Deckel besitzt, der Verschluß genau so in Frage, ins Innere des Gefäßes kommt nichts.

Vor dem Versuch wird das U-Rohr mit der Manometerflüssigkeit gefüllt, für die man am besten mit Safranin oder einem anderen Fettfarbstoff gefärbtes Petroleum verwendet. Die Einfüllung geschieht am besten durch ein kurzes offenes, mit Hahn oder Kork verschließbares Ansatzstück am unteren Ende des U-Rohrs.

Wenn der Apparat im Wasserbade steht, muß zunächst etwa 20 Minuten gewartet werden, bis die Glasgefäße mit Sicherheit die Temperatur des umgebenden Wassers angenommen haben. Solange bleibt der Quetschhahn Q offen. Der eigentliche Versuch beginnt mit dem Moment seines Verschlusses. Es beginnt jetzt sofort, da der Sauerstoff im Tiergefäß von den Versuchstieren verzehrt, die ausgeschiedene Kohlensäure vom Natronkalk absorbiert wird, die Manometerflüssigkeit auf dieser Seite zu steigen. Man liest alle 5 Minuten ab, der Versuch dauert etwa eine Stunde, kann aber natürlich jederzeit vorher unterbrochen werden.

Mit Hilfe dieser Apparatur können die folgenden Fragen gelöst werden:

1. Abhängigkeit der Atmung von der Temperatur. Es werden hierzu mit denselben Tieren nacheinander drei Messungsreihen von je $^3/_4$ Stunden bei verschiedenen Temperaturen nämlich bei 10, 15 und bei 25 Grad ausgeführt. Die drei erhaltenen Durchschnittswerte für die Atemgröße in einer bestimmten Zeit müssen, wenn der Versuch fehlerlos ist, gegen die Temperatur aufgetragen auf einer geraden Linie liegen.

2. Abhängigkeit der Atmung vom Sauerstoffdruck. Zu diesem Versuch ist erforderlich, daß Tiergefäß und Ausgleichgefäß untereinander durch einen Gummischlauch in Verbindung stehen. Es kann jetzt durch den ganzen Apparat von einem Gasometer aus ein beliebiges Gasgemisch durchgedrückt werden.

Bereitung der Gasgemische. Wir beschränken uns auf die Darstellung kohlensäurefreier Luft-Stickstoff- oder Luft-Sauerstoffgemische. Als Gasometer dient eine 5 Literflasche mit doppelt durchbohrtem Gummistopfen. Durch denselben geht ein kurzes und ein langes Glasrohr. Die Flasche wird bis zur Hälfte mit Wasser gefüllt und das kurze Rohr an die Gasbombe (Sauerstoff oder Stickstoff) angeschlossen[1]. Das einströmende Gas drückt das Wasser durch das lange Rohr nach außen. Zum Einleiten des Gases in den Apparat wird das lange Rohr mit einer höher stehenden Flasche verbunden, ein Quetschhahn dient zum Regulieren. Das kurze Rohr wird durch Gummischlauch mit dem einen oberen Ende des Manometer-U-Rohrs verbunden. Die durchzuleitende Gasmenge soll etwa das Zehnfache des Volumens des Tiergefäßes betragen.

Man verwendet am praktischsten Gasgemische von etwa 10% und 50% Sauerstoff und stellt im Atmungsversuch fest, daß die Sauerstoffaufnahme der Stabheuschrecke in allen drei Fällen die gleiche bleibt. Bei 100% Sauerstoff ist dagegen ein gewisser Abfall zu beobachten.

3. Feststellung des respiratorischen Quotienten. Hierzu müssen nacheinander mit denselben Tieren zwei Versuche angestellt werden. 1. Sauerstoffaufnahme wie oben. 2. Im Tiergefäß ist statt Natronkalk 1—2 ccm Chlorcalcium vorhanden. Das Ansteigen des Manometers ist in diesem Falle ein Maß für den Wert: $O_2 - CO_2$, da O_2 veratmet, CO_2 dagegen in das Gefäß ausgeatmet wird. Die Differenz der im ersten Versuch festgestellten Sauerstoffaufnahme O_2 und dieses Wertes beträgt $O_2 - (O_2 - CO_2) = CO_2$. Hieraus ergibt sich der respiratorische Quotient. CO_2/O_2.

Am lehrreichsten ist es, diesen Versuch an Tieren anzustellen, die zum Teil mit reiner Stärke, zum Teil mit Eiweißkost gefüttert worden sind. Statt der letzten kann man auch Hungertiere nehmen. Das günstigste Material hierfür ist die omnivore Küchenschabe. Die Kohlehydrattiere ergeben den respiratorischen Quotienten 1, bei den Hunger- oder Eiweißtieren ist er wesentlich geringer.

4. Atmung größerer Tiere (Maus, Frosch). Der folgende Apparat besteht aus dem Tiergefäß A von 1 Liter Inhalt, dem ERLENMEYER-Kolben B, dem Meßzylinder C und der Niveaubirne E. A, B und C sind auf einem Brett montiert, das zweckmäßigerweise durch einige Bleiklötze beschwert ist und zwei Henkel trägt, an denen die ganze Apparatur in das Wasserbad W gestellt werden kann. Die im Tierbehälter befindliche Luft kann durch rhythmisches Drücken auf den mit Ventilsteuerung versehenen Gummiball zum Zirkulieren in der Pfeilrichtung gebracht werden. Hierbei wird die vom Tier ausgeatmete Kohlensäure durch 100 ccm Barytwasser aufgenommen. Durch Titration mit n/10 HCl gelangt man

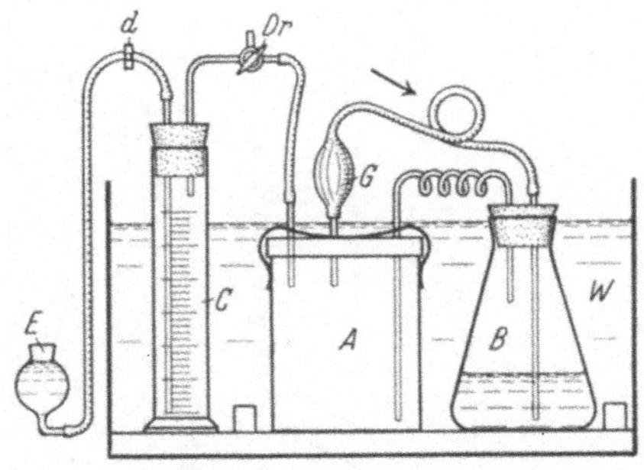

Abb. 34. Respirationsgefäß für Tiere mittlerer Größe: Frösche, Mäuse usw. A Tiergefäß, B ERLENMEYER-Kolben mit Barytwasser, G Gummiball mit Ventilsteuerung, C graduiertes Standglas mit Sauerstoff, E Nivelliergefäß, Dr Dreiwegehahn, W Wasserbad. (Nach HOLZLÖHNER-VETTER.)

zur Feststellung der abgeschiedenen CO_2-Menge, und zwar entspricht 1 ccm n/10 HCl einer Menge von 1,12 ccm CO_2.

---

[1] Der Sicherheit halber ist es besser zwischen Bombe und Gasometer eine Waschflasche einzuschalten.

Der Sauerstoffverbrauch wird gleichzeitig volumetrisch festgestellt mit Hilfe des Meßzylinders. Derselbe steht durch den Verbindungsschlauch mit A in offener Kommunikation und ist während des Versuchs mit Sauerstoff gefüllt. Das Wasserniveau in C und E muß gleich hoch stehen. Das Niveau in C wird vor Beginn des Versuches abgelesen. Die O_2-Aufnahme des Tieres wird dadurch ausgeglichen, daß ebensoviel O_2 von C nach A entweicht. Hierbei steigt der Wasserspiegel in C. Die Differenz der Wasserniveaus am Anfang und am Ende des Versuchs gibt den O_2-Verbrauch während der Versuchszeit in Kubikzentimeter an.

Die Vorbereitung und Bedienung des Apparats geschieht in der folgenden Weise. Zunächst werden sämtliche Gummischläuche und Hähne genau nachgesehen, das Versuchsgefäß wasserdicht verschlossen, der Meßzylinder C ganz mit Wasser gefüllt und in den ERLENMEYER-Kolben B 100 ccm Barytwasser gefüllt. Hierauf Einsetzen ins Wasserbad, und 5 Minuten Warten bis zum ungefähren Temperaturausgleich. Währenddessen Füllen von C mit Sauerstoff und Titrieren von 10 ccm Barytwasser mit n/10 HCl gegen Phenolphtalein. Es wird jetzt bei geschlossener Schlauchklemme d der Apparat soweit aus dem Wasser genommen, daß Öffnen des Tiergefäßes und schnelles Einsetzen des Versuchstieres möglich ist. Hierauf Wiedereinsetzen ins Wasserbad und Umstellen des vorher geöffneten Dreiwegehahns in Stellung b. Öffnung von d und Einstellen von C und E auf dasselbe Niveau. Es beginnen jetzt die Pumpbewegungen, die eine halbe Stunde fortgesetzt werden.

Mit demselben Apparat kann auch der folgende Versuch angestellt werden.

4. Vergleich der Atmungsintensität des Kaltblüters und des Warmblüters bei verschiedenen Temperaturen. Wenn mehrere gleichgroße Apparate zur Verfügung stehen, können die einen Praktikanten mit dem Frosch, die anderen mit der Maus arbeiten, erst bei einer Wassertemperatur von 10⁰, dann von 25⁰. Unter Umständen kann man auf die Bestimmung der Sauerstoffaufnahme verzichten und sich mit der Messung der CO_2-Abscheidung begnügen. Das Ergebnis ist, daß der Frosch bei höherer Temperatur mehr atmet als bei niederer. Die Maus hingegen verhält sich umgekehrt. Außerdem lehrt der Versuch, daß der Frosch eine viel geringere Atmungsintensität besitzt. 5. Eine sehr interessante **Modifikation des KROGHSCHEN Manometers** hat

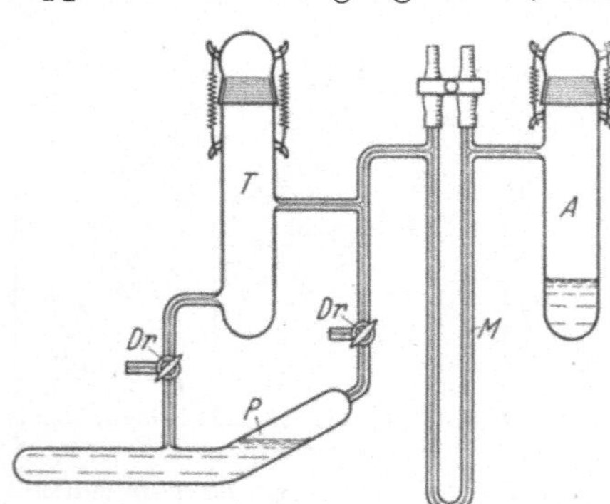

Abb. 35. Atemapparat zur gleichzeitigen Bestimmung von O_2-Verbrauch und respiratorischem Quotienten. *M* Manometer, *A* Ausgleichgefäß, *T* Tiergefäß, *P* Pumpe, *Dr* Dreiwegehahn. Nach KRÜGER.

FR. KRUEGER 1935 beschrieben. Auf der Seite des Manometers, auf welcher sich das Tiergefäß befindet, ist eine gläserne ventillose Pumpe eingeschaltet. Sie besteht, wie Abb. 35 lehrt, aus einem etwas im Winkel verlaufenden Rohr von 15—20 mm Durchmesser, das am Ende und in der Mitte in eine Capillarröhre ausläuft. Ferner trägt es unten einen kurzen Ansatz mit Hahn zum Füllen. Die Pumpe wird soweit, wie es die Figur zeigt, mit KOH gefüllt. Sie funktioniert, wenn sie in der Bildebene hin und hergeschaukelt wird. Neigung des rechten abgebogenen Endes hat zur Folge, daß die in diesem enthaltene Luft in die Capillare gedrückt wird. Gleichzeitig wird aus dem mittleren Ansatz Luft angesaugt, die in das linke blindgeschlossene Ende fließt. Bewegung in entgegengesetzter Richtung bewirkt, daß diese Luft wieder zum mittleren Ansatz zurückfließt. Dieser hat sich aber inzwischen mit KOH gefüllt, so daß die Luft nicht denselben Weg, den sie gekommen ist, zurückströmen kann. Sie steigt daher zum anderen geöffneten Ende auf und das Spiel beginnt von neuem.

Der Apparat erlaubt eine fortdauernde Bestimmung des respiratorischen Quotienten in einem zweiphasigen Versuch. Zur Bestimmung von $O_2 - CO_2$ werden die beiden Hähne geschlossen und der Apparat nicht geschaukelt. Soll hierauf O_2 allein bestimmt werden, so sind die beiden Hähne Dr zu öffnen und die Pumpe zu schaukeln. Die Kohlensäure, die inzwischen ausgeatmet worden ist, wird sehr schnell absorbiert. Die Konstruktion kann entweder so gemacht werden, daß die Pumpe beweglich mit Druckschlauch am übrigen feststehenden Apparat angebracht und allein geschaukelt wird. Es kann aber auch die ganze Apparatur geschaukelt werden.

Literatur: KRÜGER, FR.: Z. vergl. Physiol. **21** (1935).

Arbeiten mit der Gaspipette.

Die Gaspipette ist in ihrer ursprünglichen Form eine Erfindung von KROGH. In ihrer jetzigen vereinfachten für den Praktikumsgebrauch geeigneteren Form geht sie auf JORDAN zurück. Sie besteht aus einem 30—50 cm langen graduierten Capillarrohr, das oben offen ist und an der anderen Seite in eine kleine Glocke von 2—5 ccm Inhalt mündet, die seitlich einen offenen kurzen Stutzen trägt. Die Gaspipette dient zur Gasanalyse kleinerer Luftmengen. Ihre Handhabung geschieht in der folgenden Weise: Das Capillarrohr, das oben mit kurzem Gummischlauch und Quetschhahn versehen ist, wird vollständig mit Wasser gefüllt. Es darf keine, auch noch so kleine Luftblase zurückbleiben. Die zu untersuchende Gasblase — zur Einübung nimmt man Zimmerluft — wird unter Wasser in den oberen Teil der Glocke gebracht. Durch vorsichtiges Aufdrehen des Quetschhahns wird die Blase langsam in die Capillarröhre eingesaugt. Die Blase soll eine Länge von etwa 20—30 cm haben. Durch Heben der Glocke wird erreicht, daß eine kleine Wassermenge von wenigen Zentimetern nachgesaugt wird.

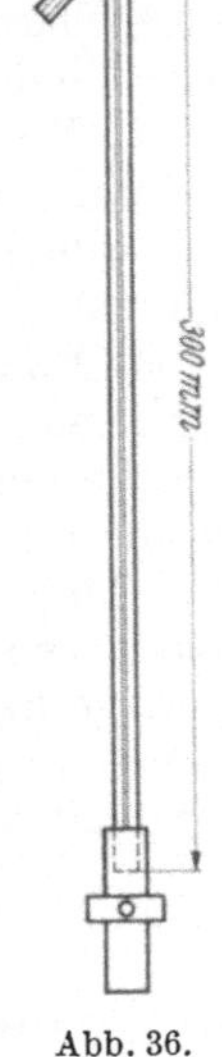
Abb. 36. Gaspipette nach KROGH und JORDAN.

Der Apparat wird jetzt in ein Wasserbad von Zimmertemperatur gelegt und etwa 5 Minuten darin belassen. Hierauf wird die Blase, die die Form eines langen Gasfadens angenommen hat, gemessen und ihre Länge in Millimeter notiert. Zur jetzt erfolgenden Absorption des Sauerstoffes wird die Glocke mit einem Gummipfropfen verschlossen und durch den offenen Stutzen mit der sog. STOKESschen Flüssigkeit gefüllt. Die Füllung muß eine vollständige sein, ohne jede Luftblase. Die Zusammensetzung der STOKESschen Flüssigkeit ist die folgende: 1 Teil 30% Ferrosulfat, 5 Teile 25% Kalium-Natrium-Tartrat, 1 Teil KOH 40%. Die Mischung wird kurz vor Gebrauch in der angegebenen Reihenfolge zusammengesetzt.

Nach Füllung der Glocke wird der Gasfaden durch vorsichtiges Anziehen des Quetschhahnes in die Glocke hineingedrückt und mehrere Minuten hin und herbewegt. Dabei ist darauf zu achten, daß der offene Stutzen niemals nach oben steht, da sonst die Gefahr besteht, daß die Gasblase durch ihn entweicht. Zum Schluß wird die Blase wieder in die Capillare zurückgesaugt, in das Wasserbad getan und von neuem gemessen. Die Differenz zwischen der ersten und zweiten Messung ist ein Maß für den ursprünglich in der Blase enthaltenen Sauerstoff.

Nachdem man sich in der Handhabung des Apparats die notwendige Sicherheit verschafft hat, kann man ihn zur Lösung einiger Spezialprobleme benutzen.

1. Zusammensetzung der Tracheenluft irgendeines größeren Insekts. Das Trachensystem wird unter Wasser geöffnet und die Luft durch vorsichtiges Drücken in die ebenfalls im Wasser befindliche, über dem Tier gehaltene Glocke gebracht. Bei schneller Arbeit ist eine wesentliche Anreicherung der Luft mit Sauerstoff aus dem Wasser nicht zu befürchten. Alles andere wie vorher.

2. Messung der Ausatemluft des Menschen. Die Versuchsperson atmet tief ein, hält den Atem möglichst lange an und atmet dann sehr tief aus. Nur die letzte Exspirationsluft wird unter geeigneten Vorsichtsmaßnahmen in die Glocke gebracht.

3. Maximale Ausnützung der Atemluft durch Insekten. Einige kleine Insekten: Fliegen, kleine Käfer u. dgl. werden am Tage zuvor in die Glocke gebracht, deren Stutzen und Hauptöffnung mit Gummistopfen hermetisch verschlossen sind. Die Capillare muß mit Wasser gefüllt sein. Die Tiere sind am Versuchstage selbst entweder gestorben oder sehr matt. Die Sauerstoffausnützung ist also maximal. Es wird jetzt durch ganz geringes Anziehen des Quetschhahnes zunächst eine kleine Wassermenge in die vorher trockene Glocke gebracht. Hierauf ein Gasfaden eingesaugt und durch dieses Wasser wieder verschlossen.

Die Atemregulation der Insekten.

Die Atemregulation der Insekten kann am einfachsten bei der Stabheuschrecke beobachtet werden. Man bedient sich hierzu des KROGHschen Manometers, an welches statt der üblichen Gefäße das in Abb. 37 dargestellte angeschlossen wird. Es besteht aus zwei Glasrohren, die durch den Schliff S verbunden sind. Das Rohr A ist auf dieser Seite bis auf ein kleines rundes Loch von etwa 6 mm Durchmesser verschlossen, das andere ist weit geöffnet. Am anderen Ende tragen beide Rohre einen aufgeschliffenen Deckel, dessen Ansatz direkt zum Manometer führt. Außerdem sind beide Gefäße durch zwei seitliche kurze Ansatzstücke und Gummischlauch miteinander verbunden.

In den Apparat wird eine in Starrezustand befindliche Stabheuschrecke
getan, und zwar so, daß die Vorderhälfte des Körpers in A, die Hinter-
hälfte in B sich befindet. Das Loch L wird durch Klebwachs zwischen
Glas und Tier luftdicht abgeschlossen. Bei geschlossenem Quetschhahn Q
stehen jetzt die beiden Gefäße A und B nur durch das Tracheensystem
der Stabheuschrecke in Kommunikation. Die Atembewegungen des
Tieres äußern sich bei einer Temperatur des Wasserbades von 20 sehr
bald durch Hin- und Herschwanken der Manometerflüssigkeit.

Die Abhängigkeit der Atembewegungen von äußeren Fak-
toren läßt sich leicht erweisen,
erstens durch Änderung der
Temperatur des Wasserbades.
Die Frequenz steigert sich
mit der Temperaturerhöhung.
Zweitens kann man bei konstanter Temperatur sehr leicht
nachweisen, daß die Atem-

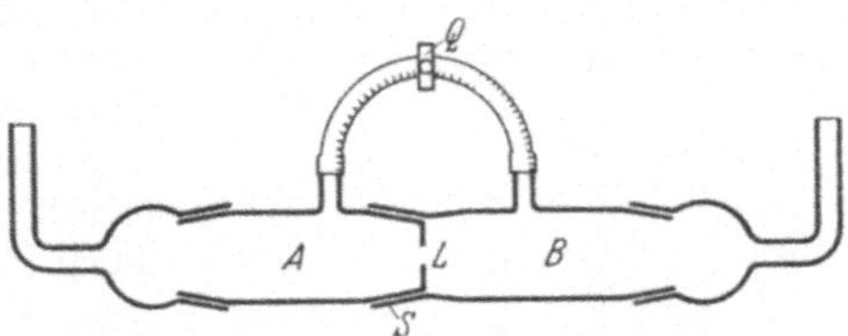

Abb. 37. Apparat zur Beobachtung der Atembewegungen von *Dixippus*.

frequenz sich verstärkt, wenn der Atemluft eine Spur Kohlensäure bei-
gemengt ist. Bereits 0,3% CO_2 bewirken eine Frequenzerhöhung um
etwa 80—100%.

Die Bereitung des Gasgemisches geschieht am vorteilhaftesten auf
folgende Weise. Man nimmt eine Injektionsspritze von 200 ccm Inhalt
und füllt sie mit reiner, kohlensäurefreier Luft. Ferner wird eine kleine
Rekordspritze von 1 ccm Fassungsvermögen aus dem KIPPschen Apparat
mit CO_2 gefüllt und hiervon eine bestimmte Menge, z. B. 0,5 ccm, in
die große Spritze gepreßt.

Die Füllung des an das Manometer angeschlossenen Apparats geschieht in der früher geschilderten Art mit dem einzigen Unterschied,
daß statt des unter Druck stehenden Gasometers die Injektionsspritze
benutzt wird.

Literatur: STAHN, J.: Zool. Jb., Abt. Physiol. **46** (1928).

Atemregulation des peripheren Tracheensystems.

Die feinen Verzweigungen des Tracheensystems, die sog. Tracheolen, sind, wie bekannt ist, nur zum Teil mit Luft, zum anderen Teil
mit Flüssigkeit gefüllt. Bei Sauerstoffmangel läßt sich beobachten, daß
die Flüssigkeit mehr oder weniger durch Luft ersetzt wird, der Tracheen-
baum irgend eines Organs verzweigt sich also immer reicher. Die Erscheinung wird dahin gedeutet, daß durch die Stoffwechselprodukte,
die bei unzureichender O_2-Zufuhr entstehen — in erster Linie wohl
Milchsäure — der osmotische Druck der Körperflüssigkeit ansteigt.
Infolgedessen wird die Tracheolenflüssigkeit osmotisch aus den Tracheolen angesaugt und durch nachströmende Luft ersetzt. Es handelt sich
also um eine automatisch einsetzende Regulation der Atemverhältnisse

Als Objekt nimmt man vorteilhafterweise durchsichtige Ephemeridenlarven. Die Tiere werden unter das Deckglas gebracht und durch leichten
Druck auf die Wachsfüßchen festgelegt. Der Raum unter dem Deckglas

wird völlig mit Wasser gefüllt und gegen die Außenwelt durch Schutz-
leistenkitt hermetisch abgedichtet. Man betrachtet bei starker Vergrößerung ein gut sichtbares Tracheenausbreitungsgebiet und zeichnet
die Endverzweigungen genau auf. Nach 1 und nach 2 Stunden wiederholt man dies und überzeugt sich von der wachsenden Ausbreitung
der luftgefüllten Tracheolen.

Bestimmung der Atemgröße der Dytiscuslarve.

Das Tier wird in ein zu seiner Eigengröße relativ kleines Gefäß
gebracht, das oben in einen ziemlich engen Hals ausgeht und seitlich

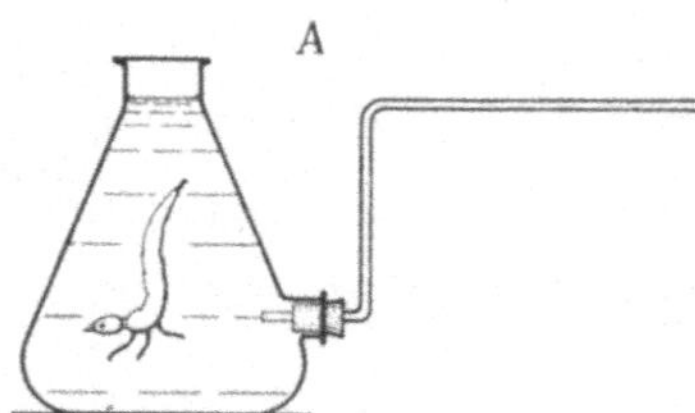

Abb. 38. Versuchsanordnung zur Bestimmung der Ein- und Ausatmungsgröße
der *Dytiscus*-Larve. Nach KROGH.

einen Ansatz trägt, an dem ein langes
Capillarrohr sich befestigen läßt. Das
Gefäß wird mit Wasser gefüllt, wobei
darauf zu achten ist, daß der Wasserspiegel genau so hoch liegt wie das
oberste Stück der Capillaren. Wenn das
Tier zum Atmen zur Wasseroberfläche
kommt, tritt eine Verschiebung der
Flüssigkeit in den Capillaren ein, die
ein direktes Maß darstellt für die Größe
der normalen Ein- und Ausatmung. Man
bestimmt diese Werte mehrmals hintereinander und nimmt den Mittelwert verschiedener Beobachtungen.

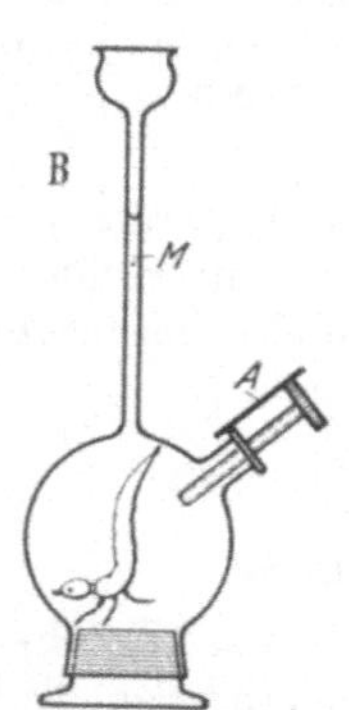

Abb. 39. Apparat
zur Bestimmung der
Kapazität des Tra-
cheensystems ver-
schiedener Insekten.
Nach DOTTERWEICH.

Die Vitalkapazität, mit welchem Ausdruck man beim
Menschen die größtmögliche Ein- und Ausatmung bezeichnet, stellt man fest, indem man dem Tier reinen
Sauerstoff zu atmen gibt. Der Oberteil des Gefäßes
muß hierzu in geeigneter Weise mit einer Sauerstoff-
bombe in Verbindung gebracht werden. Es kann
dies auf sehr verschiedene Weise geschehen. Das
Tier bleibt nach Füllung seiner Tracheen mit Sauerstoff sehr lange unter Wasser, wobei sein Volumen
bedeutend abnimmt. Beim Aufstieg zur Oberfläche
erfolgt eine entsprechende Volumenvergrößerung.

Die Totalkapazität bestimmen wir nach einer einfachen von DOTTERWEICH angegebenen Methode, die
für jedes beliebige Insekt angewandt werden kann.
Der hierzu notwendige Apparat (s. Abb. 39) besteht
aus einem kleinen kugligen Glasgefäß von etwa 7 cm
Durchmesser, das unten mit einem eingeschliffenen
Glasstöpsel versehen ist und oben in eine Capillare von
etwa 10 cm ausläuft. Die Capillare trägt oben ein kleines trichterförmiges
Gefäß. Am Hauptgefäß befindet sich seitlich ein kurzes Ansatzrohr, in
welches eine Mikrometerschraube eingekittet ist mit Ablesevorrichtung.

Das zu untersuchende Tier wird in das völlig mit Wasser gefüllte
Gefäß getan und der gut eingefettete Glasstopfen geschlossen. Man
reguliert jetzt die Mikrometerschraube solange, bis das Wasser in den
Capillaren bei einer bestimmten Marke M gestiegen ist und liest jetzt ab.

Der ganze Apparat wird nunmehr unter die Luftpumpe gesetzt und evakuiert, wobei die gesamte im Tracheensystem befindliche Luft allmählich nach oben entweicht. Nach genügender Evakuierung stellt man den normalen Luftdruck wieder her, was zur Folge hat, daß das Wasser in der Capillaren beträchtlich unter die Marke M sinkt. Man schraubt jetzt die Mikrometerschraube solange nach innen, bis das Wasser die Marke M von neuem erreicht. Die Differenz der ersten und dieser zweiten Ablesung bedeutet die Totalkapazität des Tracheensystems in Kubikmillimeter.

Die Atmung von Wassertieren kann entweder durch Messung des verbrauchten Sauerstoffs oder des ausgeatmeten CO_2 bestimmt werden. Wir begnügen uns mit der Darstellung der ersten Methode.

Literatur: KROGH, A.: Pflügers Arch. **179** (1920). — DOTTERWEICH, H.: Zool. Jb., Abt. Physiol. **44** (1928).

Messung des Sauerstoffverbrauchs nach WINKLER.

Es sind drei Messungen erforderlich: 1. des O_2-Gehalts des Wassers vor dem Versuch, 2. des O_2-Gehalts einer bestimmten abgeschlossenen Wassermenge ohne Tier nach 1 Stunde (Feststellung der Selbstzehrung durch Bakterien usw.). 3. Messung des O_2-Verbrauchs des Tieres, das 1 Stunde in einer abgeschlossenen Wassermenge verweilt hat. Der wirkliche Verbrauch des Tieres errechnet sich leicht aus diesen drei Größen.

Der Vorgang des Versuchs kann an der Messung des O_2-Gehalts reinen Leitungswassers erläutert werden. Eine austarierte gut schließende Flasche von 50—100 ccm, am besten ein Pyknometer, wird vollständig mit Wasser gefüllt. Es wird zugegeben 1 ccm NaOH + KJ und 1 ccm $MnCl_2$. Die Flasche wird verschlossen (keine Luftblase!) und durchgeschüttelt. Es bildet sich ein Niederschlag, den man sich absetzen läßt. Hierauf werden 3 ccm konzentrierte HCl zugegeben, wiederum geschlossen und geschüttelt, bis der entstandene Niederschlag sich völlig gelöst hat. Der Inhalt der Flasche wird jetzt quantitativ in einen ERLENMEYER-Kolben überführt und einige Tropfen Stärkelösung zugesetzt, die mit dem überschüssigen Jod eine tiefe Blaufärbung ergibt. Nunmehr titriert man mit n/10-Natriumthiosulfat bis zur Entfärbung. Hierbei entspricht 1 ccm $Na_2S_2O_3$ einer Menge von 0,8 mg oder 0,56 ccm O_2.

Die sich abspielenden chemischen Prozesse sind die folgenden:

$$2\ NaOH + MnCl_2 = 2\ NaCl + Mn(OH)_2$$
$$2\ Mn(OH)_2 + O_2 = 2\ H_2MnO_3$$
$$H_2MnO_3 + 4\ HCl = MnCl_2 + 3\ H_2O + 2\ Cl$$
$$2\ KJ + 2\ Cl = 2\ KCl + J.$$

Das Jod wird also austitriert. Die dem ursprünglich vorhandenen Sauerstoff proportionalen Werte sind leicht zu erkennen.

Bestimmung der Hautatmung verschiedener Wirbeltiere.

Der Versuch gelingt qualitativ am einfachsten beim Aal. Ein nicht zu großer Aal wird in ein großes U-Rohr getan, dessen innerer Durchmesser nur einige Millimeter größer ist als der maximale Durchmesser des Tieres. Kopf und Schwanz stehen in den beiden Rohren etwa gleich hoch. Es wird soviel Quecksilber in das U-Rohr getan, daß die den Vorder- und Hinterkörper umspülenden Wasser hermetisch gegeneinander abgeschlossen sind. Die offenen Enden des U-Rohrs werden mit je einem Stopfen verschlossen, von denen der vordere eine doppelte Durchbohrung trägt, um den Kiemen des Aals neues Frischwasser zuzuführen. Wenn das Tier in dem senkrecht gestellten U-Rohr eine halbe Stunde gewesen ist, lüftet man den hinteren Stopfen und gießt etwas Ba. $(OH)_2$ in das Wasser. Es zeigt sich sofort die charakteristische Trübung als Folge der Bindung der Kohlensäure.

Für den *Frosch* liegt eine ausgezeichnete Studie von KROGH vor, der von ihm benutzte Apparat ist jedoch für ein Praktikum zu schwierig zu bedienen. Wenn man darauf verzichtet, die Lungenatmung und die Hautatmung quantitativ zu vergleichen und nur auf die Feststellung der Hautatmung Wert legt, kann man in der folgenden Weise verfahren. Der Frosch wird durch Einspritzen einer kleinen Curaremenge unter die Haut gelähmt und für eine Viertelstunde in eine Winklerflasche getan, die völlig mit Wasser gefüllt ist[1]. Die Lungenatmung ist beim curarisierten Frosch ausgeschaltet, der gesamte Atmungsprozeß vollzieht sich durch die Haut. Die Feststellung des Sauerstoffverbrauchs geschieht auf dem üblichen Wege (vgl. S. 85). Die Kohlensäureausscheidung kann gegebenenfalls durch p_H-Bestimmung erfolgen.

Schwimmblase.

1. Verhalten von Physostomen und Physoclysten bei Verringerung des Luftdrucks. Einige kleine Cyprinoiden und einige Barsche werden in ein starkwandiges großes Glasgefäß gesetzt, das mit einem dicken, aufgeschliffenem planen Deckel versehen ist. Das Gefäß besitzt ferner oben seitlich einen Ansatzstutzen, an den mit Hilfe eines Gummipfropfens eine Wasserstrahlpumpe angeschlossen werden kann. Das Gefäß wird zu $^3/_4$ mit Wasser gefüllt.

Wenn der Luftdruck bis auf ein gewisses Maß gesunken ist, beginnen die Physostomen durch den Mund Luftblasen abzugeben, die Physoclysten dagegen, die hierzu nicht fähig sind, werden an die Oberfläche gerissen, an der sie schließlich liegen bleiben. Nach Wiederherstellung des normalen Drucks sinken die Physostomen, die jetzt zu schwer sind, zu Boden, die Barsche dagegen schwimmen wieder normal umher.

2. Bestimmung des O_2-Gehaltes der Schwimmblase mit der Gaspipette. Man öffnet den vorher betäubten oder getöteten Fisch, bringt ihn unter Wasser und sticht die Schwimmblase vorsichtig an. Das entweichende Gas wird mit der Glocke der Gaspipette in der bekannten Weise aufgefangen. Je nach der Fischart erhält man sehr verschiedene Werte. Die Schwimmblase der Cyprinoiden hat einen sehr geringen Sauerstoffgehalt, die Barsche haben mehr; ein Barsch, dessen Schwimmblase am Tage zuvor punktiert worden ist, ist sehr sauerstoffreich.

---

[1] Die Temperatur darf bei diesem Versuche nicht zu hoch sein, etwa 10—12⁰.

Farbwechsel.

Das beste Material für Farbwechselversuche sind gewisse Meerestiere und Krebse. Im Binnenland lassen sich diese Experimente nur mit einigen Fischen ausführen.

Versuch 1. **Anpassung an den Untergrund.** Material: *Crangon vulgaris, Palaemon, Palaemonetes* usw., ferner *Idothea tricuspidata, Gobius minutus, Platessa, Flesus* u. a. Pleuronectiden, *Spinachia* (Seestichling). Die Tiere werden abwechselnd auf weißen und schwarzen Untergrund gesetzt und die mit der Zeit eintretende Farbänderung beobachtet. Als Untergrund eignen sich besonders weiße Porzellanschalen und schwarze Entwicklerschalen, wie sie in der Photographie üblich sind. Bedingung für ein gutes Gelingen des Versuchs ist helles Oberlicht. Man setze also die Schalen möglichst dicht ans Fenster in helles Tageslicht oder sogar in die Sonne. Man wählt von jeder Art zwei einigermaßen gleich gefärbte Tiere von mittlerer Tönung aus und setzt eins in die weiße, das andere in die schwarze Schale. Die Dauer der Umfärbung ist verschieden bei den einzelnen Arten. Meist genügt eine halbe Stunde. Die beiden Vergleichstiere werden nunmehr unmittelbar nebeneinander auf gleichem Untergrunde betrachtet und hierauf vertauscht, so daß die Anpassung in der umgekehrten Richtung vor sich gehen muß.

Bei *Idothea* ist darauf zu achten, daß man einfarbig graue Tiere nimmt. Stark gemusterte besitzen in der Regel so gut wie kein Chromatophorenspiel.

Versuch 1a. *Die Pleuronectiden besitzen die Fähigkeit sich auch an die Musterung des Untergrundes anzupassen.* Man setzt verschiedene Tiere in Schalen, deren Untergrund schwarz-weiß = 1 : 1 ist, aber in der einen fein, in der anderen grob gemustert ist. Musterung entweder zeichnerisch herzustellen: Glasschalen mit Papier umhüllt, das schwarzweiße Schachbrettanordnung zeigt oder durch Einlegen schwarzer und weißer Kunststeine in die Schale selbst. Zum Gelingen des Versuches sind sehr frische Tiere nötig, auch erfordert es eine längere Zeit. Es ist daher besser, den Versuch schon am Tage vorher in einem Aquariumsraum anzusetzen.

Versuch 1b. *Anpassung an verschiedene Farben des Untergrundes. Crangon vulgaris.* Tiere in Glasschälchen gesetzt, die mit gelbem oder mit rotem Papier umhüllt sind; von oben helles Tageslicht. Gegenversuch blaues oder grünes Papier. Nach 1—2 Stunden zeigt sich, daß die Krebse auf gelbem und rotem Grunde deutlich entsprechende Färbung angenommen haben, die auf grünem oder blauem Papier sind dagegen nur etwas dunkler geworden.

Versuch 2. **Verhalten der Chromorhizen.** Geeignetstes Material: *Crangon* oder eine andere Garneele. Der Versuch besteht darin, daß man eine bestimmte *Chromatophore* dreimal hintereinander zeichnet: 1. im expandierten Zustand, 2. im kontrahierten Zustand, 3. wiederum expandiert. Man überzeugt sich, daß die Chromorhizen im Falle 1 und 3 die gleiche Form besitzen. Der Versuch dauert im ganzen mindestens anderthalb Stunden und muß gleich zu Beginn des Praktikums angefangen werden. Die ausgesuchte *Chromatophore* muß relativ klein sein und im expandierten Zustand nicht zu viele Chromorhizen haben, auch muß sie an einem ausgezeichneten Platze liegen, Segmentgrenze usw., so daß ihre Wiederauffindung keine Schwierigkeiten bereitet. Der Versuch ist trotzdem schwierig und wird erfahrungsgemäß nur von einem Teil der Kursteilnehmer mit Erfolg durchgeführt.

Versuch 3. **Einfluß der Blendung.** Geblendete Krebse (bei Garneelen Abschneiden der Augentiele, bei *Idothea* Lackieren der Augen), zeigen keine Anpassung an den Untergrund mehr. (Für Fische gilt entsprechendes, schonend kann die Blendung hier so ausgeführt werden, daß dem Tiere je ein schwarzes konvex geformtes Celluloidscheibchen auf das Auge gesetzt und mit geeignetem Material, z. B. Gelatine auf der Haut festgeklebt wird.)

Versuch 4. **Kontrastwirkung.** Mit der gleichen Technik läßt sich bei manchen Fischen: Forelle u. a. auch der simultane Helligkeitskontrast demonstrieren. Die auf das Auge geklebten Celluloidschälchen sind in diesem Falle nur zur Hälfte geschwärzt, die obere Hälfte bleibt glasklar. Bei *Idothea* wird unter dem Binokular nur die eine Hälfte jedes Auges mit schwarzem Lack bestrichen. Resultat: Die Tiere färben sich besonders dunkel.

Versuch 5. **Einfluß des Nervensystems.**

a) *Crangon.* Man zerschneidet mit einem feinen Messerchen das Bauchmark im vordersten Teil des Abdomens und führt hierauf einen Umfärbungsversuch aus (Versuch 1). Die Operation hat auf die Anpassung des Krebses keinen Einfluß, auch die hinter der Schnittstelle gelegenen Körperteile beteiligen sich an der Umfärbung.

b) Fisch, am besten Plattfisch. Man zerschneidet in leichter Urethannarkose mit einem scharfen Messerchen einen oder mehrere Spinalnerven am besten in der Schwanzregion. Nach Erwachen des Fisches zeigt sich, daß die vom durchschnittenen Nerven versorgte Partie sich wesentlich dunkler färbt als der übrige Körper. Die Fischchromatophoren sind also direkt innerviert, die des Krebses sind es nicht.

Versuch 6. **Hormonale Einflüsse.** Die Wirkung der natürlichen, im Körper des Tieres selbst vorkommenden Hormone läßt sich leicht beim Krebs und beim Frosch feststellen.

a) Augenstielhormone (Weißdrüse) der Garneelen. 4 oder 5 Garneelen werden die Augenstiele abgeschnitten, im Mörser mit wenig Seewasser zerrieben und der Brei filtriert. Das Filtrat wird zwei anderen Garneelen, die sich auf dunklem Untergrunde befinden, eingespritzt. Es tritt nach ziemlich kurzer Zeit eine deutliche Aufhellung der Tiere ein.

b) *Crangon*, Schwarzdrüse. Einigen Tieren, die längere Zeit auf schwarzem Grunde gewesen und sich maximal schwarz gefärbt haben, wird mit einer Rekordspritze aus dem dorsalen Blutgefäß etwa $1/_{40}$ bis $1/_{10}$ ccm Blut entnommen und einem hell gefärbten Tier irgendwo, am besten zwischen zwei Abdominalsegmenten, eingespritzt. In der Regel zeigt sich nach etwa 10 Minuten eine deutliche Dunkelfärbung des Telsons, nach weiteren 10 Minuten sind die Melanophoren nahezu des ganzen Körpers expandiert.

Man kann diesen Versuch auch in der folgenden Art variieren. Für ein Weißtier wird die Geschwindigkeit, in der es sich an einen dunklen Untergrund anpaßt, genau festgestellt. Nachdem es sich wieder hell gefärbt hat, erfolgt, wie beschrieben, die Injektion von Blut eines Dunkeltiers. Es zeigt sich, daß die Anpassungszeit auf dunklem Untergrund sich jetzt um etwa ein Drittel vermindert hat.

Frösche. Der Nachweis, daß die Hypophyse die den Farbwechsel regulierende innersekretorische Drüse ist, kann am allereinfachsten durch subcutane Injektion käuflichen Hypophysins erbracht werden. Genau wie bei den Krebsen wählt man zu diesen Versuchen zwei gleich gefärbte, nicht zu dunkle Temporarien aus und injiziert die eine, während die andere als Kontrolltier belassen wird. Der Farbunterschied beider Tiere wird schon nach kurzer Zeit sichtbar.

Biologischer ist die Fortnahme der Hypophyse des Frosches selbst. Diese leicht auszuführende Operation führt zu einer dauernden starken Aufhellung des Tieres. Injiziert man ihm das in Ringerlösung aufgenommene Filtrat seiner eigenen Hypophyse, so färbt er sich wieder dunkel.

Hypophysenexstirpation des Frosches. Als Versuchstier wählt man am besten ein möglichst dunkles, mittelgroßes Exemplar von *Rana temporaria.* Das mit Äther betäubte Tier wird in Rückenlage auf das Froschkreuz gebunden. Das Maul wird geöffnet und durch kleine aus feinen Insektennadeln gefertigten Häkchen, die in den Rand des Ober- und Unterkiefers eingehakt werden, und mit Fäden am Froschkreuz befestigt werden, offengehalten.

Die Gaumenschleimhaut wird durch einen in der Medianebene geführten Schnitt gespalten und durch ein paar Häkchen nach rechts und links auseinandergezogen. In der entstandenen Öffnung sieht man das wie ein Kreuz gestaltete Parasphenoid liegen. Dieser Knochen wird,

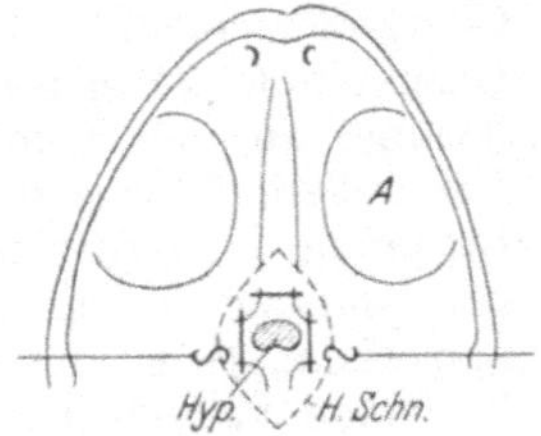

Abb. 40. Skizze zur Operation der Froschhypophyse. *H.S.* Hautschnitt, ausgezeichnete Linien Schnitt durch den Knochen. *Hyp.* Hypophyse.

wie auf der Abb. 40 angegeben ist, an drei Seiten mit einem geeigneten Instrument durchschnitten und nach hinten umgeklappt. Man muß hierbei aufpassen, daß man die neben dem Parasphenoid hochziehenden Blutgefäße nicht zerschneidet. In dem freigelegten Dreieck sieht man deutlich auf dem grauen Mittelhirn unterhalb der Kreuzung der Augennerven (Chiasma) die weiße, etwa bohnenförmige Hypophyse liegen, die dann mit einer Pinzette herausgehoben wird. Darauf klappt man das in die Höhe gebogene Knochenstück wieder zurück in seine alte Lage und vernäht die Gaumenschleimhaut.

Der operierte, vorher dunkle Frosch hellt sich nun allmählich auf. Der Effekt wird am besten sichtbar, wenn man ihn neben einen unoperierten Frosch, der vorher ebenso dunkel war, in dieselbe Schale setzt. Die exstirpierte Hypophyse wird in 1 ccm Froschringer (0,6 %) verrieben. Davon werden 0,5 ccm dem operierten, inzwischen aufgehellten Frosch injiziert, die anderen 0,5 ccm einem normalen hellen Frosch, der auf weißem Untergrunde sitzt. Nach einer guten halben Stunde sind beide Tiere kräftig dunkel geworden.

Literatur: KOLLER, G.: Z. vergl. Physiol. 5 (1927).

Die Physiologie der Lokomotionsorgane.
(Cilien und Muskeln.)
Versuche zur Flimmerbewegung.

1. Die Flimmerbewegung auf der Rachenschleimhaut des Frosches.

Ein Frosch wird in Rückenlage auf das Froschkreuz gebunden, eine S-förmig gebogene Stecknadel vorn durch den Unterkiefer gesteckt, dieser zurückgeklappt und mittels eines an der anderen Öse des Hakens befestigten Zwirnfadens in heruntergeklapptem Zustande am Froschkreuz festgebunden; der Schädel kann eventuell durch eine durch ihn und in das Froschkreuz an der Schnauzenspitze gesteckte Nadel fixiert werden. Der Frosch muß vorher gut curaresiert werden. Mit einer Pipette bringt man eine feine Suspension von Carmin in Wasser (vorher gutes Verreiben der Carminkörner mit Wasser im Porzellanmörser!) auf die dorsale Rachenschleimhaut und beobachtet unter dem Binokular den Transport der Carminkörnchen, die verschiedenen Flimmerströme und deren Geschwindigkeit.

An den Stellen, wo die Schleimhaut des Mundhöhlendaches an die Oberkieferschleimhaut grenzt und mit ihr eine Rinne bildet, ist eine besonders lebhafte Strömung schlundwärts zu sehen, ferner unmittelbar darüber auf der Kante der inneren Schleimhautfalte des Oberkiefers. Die äußere Grenze des Stromes bildet die Zahnreihe. Eine lebhaftere Strömung ist ferner in der Mittellinie der Rachenschleimhaut, die von den Gaumenzähnen über das Paraphenoid nach hinten verläuft, zu bemerken. Sehr viel trägere Flimmerströmung zeigen alle dazwischen-liegenden Partien, so vor allem die, über denen die Orbitae liegen. — Das Ursprungsgebiet fast aller Flimmerströme liegt etwa in der Mitte zwischen den Ausmündungen der Intermaxillardrüsen und der vorderen Begrenzung des Mundhöhlendachs. Es besteht aus einer kurzen Linie, von der aus nach allen Seiten, vor allem aber nach der Schnauzenspitze zu und in der Richtung nach den Gaumenzähnen, Flimmerströme ent-springen. Der nach der Schnauzenspitze zu gerichtete Strom wandert auf die Intermaxillarwülste und gabelt sich hier in zwei nach hinten ziehende Ströme. Endlich finden sich noch aus den Choanen heraus-tretende kräftige Flimmerströme, die sich mit den seitlichen, von weiter vorn kommenden, vereinigen. — Man achte ferner auf die Verschleimung der Partikel, die hier, wie auch an vielen anderen Flimmerepithelien (z. B. Muscheln, s. S. 106), auftritt.

Literatur: MERTON: Studien über Flimmerbewegung. Pflügers Arch. **198** (1923).

Nach Säuberung der Rachenschleimhaut von den Carminpartikelchen mit einem feinen, leicht angefeuchteten Pinsel oder nachdem alles Carmin fortgeflimmert wurde, lege man ein winziges Stückchen Staniolpapier etwas unterhalb der Ursprungsstelle des kräftigen mittleren, über das Para-phenoid führenden Flimmerstroms. Mit der Stoppuhr wird jetzt die Zeit gemessen, die das Stanniolstückchen braucht, um ein ganz bestimmtes Wegstück entlang geflimmert zu werden. Hat das Stückchen den vorher in Aussicht genommenen und festgelegten Zielpunkt erreicht, wird es mit einer Präpariernadel abgefangen und von der Schleimhaut abgenommen. Man legt jetzt ein kleines Stückchen *Traubenzucker* auf die Zunge und wartet 4—5 Minuten. Nach Ablauf dieser Zeit wird der Versuch wiederholt, indem man das Stanniolplättchen noch einmal denselben Weg zurücklegen läßt und die Geschwindigkeit mißt. Es stellt sich heraus, daß die beiden Geschwindigkeiten nicht übereinstimmen, im letzteren Versuch wird das Stanniolstück mit einer (gegenüber dem ersten Versuch) Beschleunigung von etwa 13—20% transportiert. Der Versuch beweist, daß die Flimmerbewegung durch das Nervensystem bzw. durch Reize, die durch dieses übertragen werden, beeinflußbar ist. Zur Technik dieser Versuche ist noch darauf hinzuweisen, daß man das zu transportierende Stück vorteilhafterweise nicht gleich direkt auf den eigentlichen Anfangspunkt der Wegstrecke, deren Durchlaufszeit gemessen werden soll, legt, sondern etwas oberhalb davon, um beim Durchgehen des Stückchens durch den eigentlichen Startpunkt exakter abstoppen zu können. Vielfach wird sich die Ausführung mehrerer Versuche, aus denen dann das Mittel genommen wird, empfehlen.

2. Demonstration der Flimmerbewegung bei anderen Tieren.

Die Beobachtung der Flimmerströme auf den Kiemen der Muscheln, zu denen auch noch die der auf dem Velum auftretenden hinzugenommen werden kann, ist auf S. 106 geschildert.

Flimmerbewegung findet man ferner im Darm vieler Tiere, z. B. von Muscheln. Will man sie nachweisen, so schneidet man den Fuß der geöffneten (s. S. 106) *Anodonta* oder *Unio* von unten der Länge nach auf, wobei man auf den Darm stößt. Aus der vorspringenden Darmleiste, der Typhlosolis, wird ein Stückchen entnommen, das mit einem sehr feinen Skalpell in kleinste Teile zerschnitten und dann weiterhin mit Präpariernadeln zerzupft wird. Man sieht unter dem Mikroskop nicht nur Epithelreste noch in flimmernder Bewegung, sondern auch einzelne Zellen, ja an einzelnen Objekten kann man beobachten, daß selbst Cilien noch schlagen, denen fast gar kein Zellplasma mehr anhaftet, die nur noch die Basalkörperchen besitzen. Es wird hieraus geschlossen, daß der Sitz der Erregung der Cilie nicht im eigentlichen Zellplasma, sondern unmittelbar an ihrem basalen Ansatz zu suchen ist.

Literatur: ERHARD, H.: Tierphysiologisches Praktikum. Jena 1916.

Bei Süßwasser*schnecken* finden wir verschiedene Flimmerepithelien auf der Körperoberfläche. Man veranschaulicht die flimmernden Epithelien, indem man, z. B. bei *Planorbis,* Hautstückchen aus verschiedenen Körperpartien (z. B. dem Fühler, Mantelrand und den dorsalen Partien des Fußes) herausschneidet, in Wasser auf den Objektträger bringt und, mit einem Deckglas bedeckt, betrachtet.

Literatur: MERTON: Studien über Flimmerbewegung. Pflügers Arch. **198** (1923).

Unter den Protozoen wird zunächst *Opalina ranarum* gezeigt. Ein Frosch wird getötet, indem man ihn köpft und dann das Rückenmark ausbohrt. Man schneidet nach Öffnung der Bauchhöhle den Enddarm und die Harnblase auf und macht auf dem Objektträger einen Ausstrich von dem Inhalt, der eventuell mit etwas physiologischer Kochsalzlösung beträufelt wird. Betrachtung unter dem Mikroskop. Es werden sich in den meisten Fällen zahlreiche *Opalinen* in dem Präparat finden. Zu achten ist auf die Anordnung der Cilien in Reihen.

Vorstehend nur einige besondere leicht vorführbare Beispiele von vielen. Bei allen Objekten ist auf die koordinierte Bewegung der Cilien aufmerksam zu machen.

3. Analyse des Cilienschlages.

Um Vor- und Rückschlag der Cilien gut beobachten zu können, bringt man einen Tropfen einer *Paramaecium*-Kultur mit der Pipette in eine dickflüssige Aufschwemmung von Traganth, bedeckt das Präparat mit dem Deckglas und betrachtet es mit stärkster Vergrößerung unter dem Mikroskop. Man bemerkt, daß der Vorschlag, also der das Tier vortreibende ruderartige Cilienschlag, nach hinten, mit gestreckten Cilien erfolgt, während die in ihre Ausgangslage zurückgehende Cilie sich dem Körper eng anschmiegt, um nicht die Wirkung des Vorschlages wieder aufzuheben.

a) Eine Umkehrbarkeit des Cilienschlags kann bei *Paramaecium* durch den Chemotaxisversuch demonstriert werden. Bringt man in die Mitte eines größeren von Paramaecien belebten Tropfens ein Tröpfchen verdünnte Salzsäure, so sieht man die Tiere an der Grenze desselben scharf wenden oder rückwärts schwimmen.

b) Umkehrbarkeit des Cilienschlags bei *Stentor* durch gewisse Ionen. *Stentor coeruleus* schwimmt im allgemeinen vorwärts, nur zeitweise und selten rückwärts. Setzt man einige *Stentoren* in ein wässeriges Medium, in dem sich *K- oder NA-Ionen* befinden und betrachtet die Tiere durch das Mikroskop, so wird man bemerken, daß die Tiere jetzt unausgesetzt rückwärts schwimmen. Äquimolekulare Lösungen von $CaCl_2$, $MgSO_4$ oder $MgCl_2$ haben nicht diesen Erfolg.

Literatur: Merton: Studien über Flimmerbewegung. Pflügers Arch. **198** (1923).

4. Der Einfluß des Nervensystems auf den Cilienschlag.

Daß einzelne, aus dem Gewebeverband gelöste Cilien noch zu schlagen vermögen, wurde bereits an den Flimmerzellen der Darmtyphlosolis von *Anodonta* gezeigt. Der Versuch kann an abgekratzten Flimmerzellen auch anderer Flimmerepithelien in ähnlicher Weise wiederholt werden.

Daß die Flimmerbewegung der Rachenschleimhaut des Frosches vom Nervensystem beeinflußbar sein kann, zeigt der Versuch mit dem auf die Zunge gelegten Stückchen Traubenzucker (s. S. 90). Der Nachweis der Beeinflußbarkeit des Cilienschlags vom Nervensystem kann auch anders, z. B. an den Flimmerzellen des Kiemenkorbs der Seescheiden, geführt werden.

Legt man z. B. eine *Clavellina* auf dem Objektträger unter das Mikroskop, so ist die Flimmerung im Kiemendarm gut sichtbar. Wird jetzt auf den Objekttisch geklopft, so erlischt die Flimmerbewegung, die Cilien stehen für eine kurze Zeit still.

Literatur: Tomita, G.: The physiology of ciliary movement. J. Shanghai Sci. Inst. **1** (1934).

Versuche zur Muskelphysiologie.

Die Strukturelemente des quergestreiften Muskels und ihre Teilnahme an der Kontraktion. ·

1. Beobachtungen an der überlebenden Faser. Eine Schere von *Astacus* oder *Carcinus* (auch *Eriocheir*) wird zwischen Propodit und Carpopodit abgeschnitten und mit einer Pinzette die Propoditmuskulatur, zur Hauptsache also Adduktorfasern, herausgezupft. Diese werden auf einem Objektträger in Preßsaft, der bei *Astacus* aus der Schwanzmuskulatur gewonnen wird, oder in Krebsblut ausgebreitet und mit Präpariernadeln auseinandergezupft und dann mit einem Deckglas bedeckt. Die Auffaserung der Faserbündel in einzelne Fasern hat möglichst vollständig zu geschehen, gelingt jedoch meist nie ganz. Dann wird das Präparat unter starker Vergrößerung unter dem Mikroskop betrachtet (gewöhnliches Mikroskop, am besten außerdem noch Polarisationsmikroskop). Die stark doppelbrechenden, mit A bezeichneten Schichten erscheinen unter dem gewöhnlichen Mikroskop bei tiefer Einstellung der Mikrometerschraube dunkel, die schwach doppelbrechenden, früher für einfachbrechend, isotrop gehaltenen I-Schichten hell; bei hoher Einstellung der Mikrometerschraube kehrt sich dies Helligkeitsverhältnis um. In polarisiertem Licht erscheinen die A-Schichten stets hell, aufleuchtend zwischen gekreuzten Nikols, die I-Schichten dunkel. Der Betrachtung unter dem gewöhnlichen Mikroskop legt man normalerweise die tiefe Einstellung der Mikrometerschraube zugrunde. An vielen Fasern sieht man außerdem den Streifen Z, der als feiner Strich die Schicht J durchzieht; vielfach ist in A eine zu den Schichtgrenzen parallellaufende mittlere Aufhellung, der Streifen Ah, erkennbar. Außerdem zeigen viele Fasern eine deutliche Längsstreifung, es handelt sich hier um die Fibrillen der Muskelfaser.

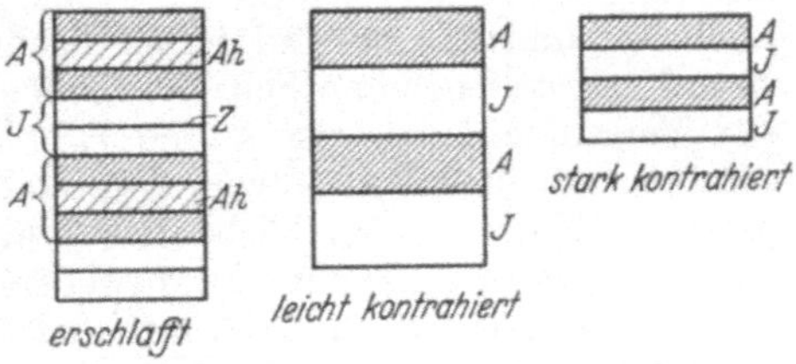

Sind die Streifen Ah und Z in einer Faser sichtbar, so handelt

Abb. 41. Muskelquerstreifung des Flußkrebses in verschiedenen Kontraktionszuständen.

es sich mit Sicherheit um eine vollkommen erschlaffte Faser; diese Strukturelemente verschwinden bei der Kontraktion. Ihr Fehlen besagt jedoch nicht immer, daß es sich um mehr oder weniger kontrahierte Fasern handelt.

Man wird in dem Präparat Faserbündel mit vollkommen erschlafften, solche mit leicht und solche mit stark kontrahierten Fasern vorfinden; dies prägt sich sehr auffällig in der Querstreifung aus. Diese ist um so enger und schmaler, je mehr die Faser kontrahiert ist.

Man tut am besten, auf ein Bündel mit vollkommen erschlafften Fasern (kenntlich an dem Auftreten von Ah und Z) einzustellen und eine Weile bei ständiger Betrachtung zu warten. Im allgemeinen wird sich das Bündel nach kürzerer oder längerer Zeit kontrahieren und man kann das Fortschreiten der Kontraktion von der einen Ansatzstelle der Fasern zur anderen, *die Verengerung der Querstreifung* gut verfolgen und am Ende der Kontraktion die sehr viel enger gewordene Querstreifung betrachten. Es wird hier deutlich, daß starke Faserkontraktion durch Verkürzung von A und von I bewirkt wird. Oftmals wird man in dem Präparat aber auch Faserstellen finden, die gegenüber benachbarten leicht kontrahiert sind; das ist z. B. häufig an den Ansatzstellen der Fasern der Fall. Hier kann man bemerken, daß die Kontraktion ausschließlich durch eine solche der A-Schichten bewirkt wird, während die J-Schichten sich sogar noch erhöhen, was auf einem Substanzübertritt von A nach I bei der leichten Kontraktion beruht. — Der Eintritt der Kontraktion kann, wenn er nicht spontan erfolgt, meist durch einen kleinen mechanischen Reiz, z. B. Druck auf das Deckglas, eventuell durch Tubussenkung, beschleunigt werden. Zur besseren Veranschaulichung der Daten kann eventuell ein Mikrometerokular oder ein Zeichenspiegel, mit dem die betreffenden Proportionen auf Papier übertragen werden, zu Hilfe genommen werden.

2. Beobachtungen an fixierten Fasern. Zur Verwendung kommt das gleiche Material. Die zwischen Propodit und Carpopodit abgeschnittene Schere wird 24 Stunden in ein Gemisch von 1 Teil reinem Glycerin und 6 Teilen 10%iger Chloralhydratlösung (gelöst in Aq. dest.) gelegt. Nach Ablauf dieser Zeit kommen die Objekte in reines Glycerin, in dem sie 1—2 Tage verbleiben. Die weitere Behandlung und Betrachtung der Fasern erfolgt wie beim frisch überlebenden Muskel. Die Betrachtung der Fasern geschieht statt in Krebsblut oder -preßsaft in Glycerin. Man findet die Schichten A und I, an ganz erschlafften Fasern (die Querstreifung ist in der natürlichen Höhe, also ohne Schrumpfung, fixiert), auch Ah und Z. Es sind ferner leicht und stark kontrahierte Fasern bzw. Faserstellen, kenntlich an der engeren Querstreifung bei letzteren, der Verschmälerung von A und Erhöhung von I bei ersteren, in Verbindung mit dem Fehlen von Ah und Z, zu finden. Alle Übergänge von ganz erschlafften zum leicht bzw. stark kontrahierten Zustand zeigen sich in den sog. „Kontraktionswellen" oder „Kontraktionsbäuchen", die meist in nicht geringer Zahl in den Präparaten zu sehen sind. Es sind dies leicht kenntliche, knoten- bzw. bauchartige Verdickungen der Fasern bzw. Faserbündel, die in ihrer Mitte eine stark verengte Querstreifung aufzuweisen pflegen, in ihrem Beginn ein verengtes A und erhöhtes I; bei ganz seichten Kontraktionswellen braucht I auch in der Wellenmitte nicht verkürzt zu sein.

Literatur: von Studnitz, G.: Über die Feinstruktur, Färbbarkeit und Kontraktion quergestreifter Arthropodenmuskeln. Z. Zellforsch. **23** (1935).

Der Kontraktionsverlauf beim quergestreiften und bei dem glatten Muskel.

Material: Z. B. Gastrocnemius des Frosches oder Scherenmuskel von *Astacus* und Fußretraktor von *Mytilus*.

Präparation des Gastrocnemius des Frosches mit seinem Nerven (Herstellung eines Nervmuskelpräparats): Das stumpfe Blatt einer Schere wird flach in die Mundhöhle eingelegt, dann herumgedreht, daß sich das andere Blatt über dem Schädel befindet und nun wird die obere Kopfhälfte mit einem Scherenschlage abgeschnitten. Durch Ausbohren des Rückenmarkkanals mittels einer Stricknadel wird das Zentralnervensystem zerstört. Mit einer Pinzette fassen wir jetzt die Haut etwa in der Höhe des Schwertfortsatzes und schneiden eine Öffnung in sie, um dann die Haut von hier aus horizontal rings um den Körper aufzuschneiden. Die mit dem Unterkörper zusammenhängende Haut wird auf dem Rücken zwischen Daumen und Zeigefinger gepackt und mit einem kräftigen Ruck über die Beine abgezogen. Das Präparat wird nun so auf einen Porzellanteller gelegt, daß die Bauchhöhle geöffnet werden kann. Dies geschieht, indem man die Bauchmuskeln etwa in Höhe der Symphyse mit der Pinzette anpackt und einschneidet und dann die ganze Bauchdecke abträgt. Aus der Bauchhöhle werden nun alle Bauchorgane entfernt, worauf in der gleichen Höhe, in der der Hautschnitt geführt wurde, der ganze Körper quer durchschnitten wird. Zu der nun folgenden eigentlichen Präparation des Gastrocnemius wird die Symphyse durchschnitten und ebenso spaltet man die Wirbelsäule der Länge nach, um die beiden Beine getrennt weiter verarbeiten zu können. — Der Schenkel wird jetzt mit Daumen und Zeigefinger so angefaßt, daß der M. gastrocnemius nach oben sieht, worauf man mit der geschlossenen Schere zwischen Gastrocnemius und Knochen einund mit ihr hin- und herfährt. Dann faßt man den Unterschenkel zwischen Daumen und Zeigefinger so an, daß der Gastrocnemius angespannt und dadurch der Fuß gestreckt wird. Es wird jetzt mit der Schere die Achillessehne von der Unterlage abgeschnitten und gleichzeitig unter der Plantarfascie weiter geschnitten und diese somit von der Unterlage abgetrennt. Der Gastrocnemius ist jetzt nur noch am unteren Ende des Femur befestigt. Es folgt die Durchschneidung der Tibia in der Nähe des Kniegelenks und das Durchtrennen der am Femurende ansetzenden Oberschenkelmuskulatur; diese wird mit einem Skalpell soweit nach oben zurückgeschabt, daß der Knochen frei zutage tritt. Alsdann kann der Femur durchschnitten werden. — Bei der Längsspaltung der Wirbelsäule muß sehr vorsichtig verfahren werden, daß der Plexus ischiadicus unverletzt bleibt. Dieser wird mittels eines daruntergeschobenen stumpfen Scherenblattes angehoben und durch Hin- und Herbewegen der Schere von der Unterlage abgelöst, bis zu seinem Austritt aus der Wirbelsäule. Man richtet dann die Schere auf und schneidet die Wirbelsäule durch; der Plexus hängt jetzt an einem kleinen Wirbelsäulenstück. Der Nerv wird jetzt auf der Rückseite des Oberschenkels aufgesucht; man erkennt eine Furche zwischen den dort befindlichen Muskeln und sieht den Nervus ischiadicus in seinem ganzen Verlauf bis zur Kniekehle vor sich liegen, wenn man die Muskeln des Oberschenkels rechts und links anpackt, spannt und damit voneinander entfernt. Auch hier wird der Nerv mit der daruntergeschobenen geschlossenen Schere von seiner Unterlage abgelöst. Packt man den Nerven jetzt an dem anhängenden Wirbelsäulenstück und spannt ihn etwas an, so kann man seinen gesamten Verlauf gut erkennen; er kann nun mit einigen wenigen Scherenschlägen vollkommen freigelegt werden. — Im allgemeinen wird es sich empfehlen, zuerst die Präparation des Nerven, dann erst die eigentliche Präparation des Gastrocnemius selbst vorzunehmen, wobei man sich davor hüten muß, den anhängenden Nerven irgendwie zu verletzen.

Präparation der Krebsschere für den Versuch. Die Schere wird an der Basis, direkt am Körper, abgeschnitten. Um den Schließermuskel allein beobachten zu können, wird an der beweglichen Zinke der Ansatz des Öffners durchschnitten. Das Präparat wird dann horizontal in den Muskelhalter eingespannt, so daß die bewegliche Zinke unten liegt. An ihrer Spitze hängt man ein kleines Gewicht an, um die Schere zunächst offen zu halten. Zweckmäßigerweise wird die Schere schon 1 Stunde vor Beginn des Praktikums abgeschnitten, damit der Muskeltonus verloren geht.

Präparation der Fußretractoren von Mytilus: Der Muschel werden die Schalen entfernt (entweder mittels der auf früher angegebenen Methode oder durch Abklopfen und Abpräparieren) und der Mantel abgeschnitten. Man ergreift dann den Fuß an seiner Spitze, zieht ihn etwas lang und entfernt mit einigen Scherenschnitten das Epithel des Fußes an den Übergangsstellen zum Eingeweidesack und ein Stück fußwärts davon. Man sieht dann die kräftige Retractormuskulatur. Im einfachsten Falle kann man auch den gesamten Muschelfuß als glatten Muskel gelten lassen. Ebenso können unter Umständen *Helix*-Füße, kopflos und vom Eingeweidesack befreit, verwendet werden. An jedem Ende werden jetzt wieder Aufhängehäkchen angebracht und durch Durchstecken durch die Muskelmasse.

Es können nunmehr Kymographionkurven von der Kontraktion der Muskeln bei gleichem elektrischen Reiz aufgenommen werden. Zu diesem Zweck werden an dem Kymographionstativ oben ein Muskelhalter, in den das eine am Muskel befestigte Häkchen eingehakt wird, unten ein Zeigerhalter angeschraubt. Die beiden Halter müssen in einer Entfernung, die der Länge des ruhenden, also unkontrahierten und ungedehnten Muskels entspricht, voneinander am Stativ angebracht sein. Das untere am Muskel befestigte Häkchen wird jetzt in eines der im Zeiger befindlichen Löcher eingehakt und der Zeiger so ausbalanciert (durch Gewichte in dem am Zeiger hängenden Gewichtschälchen oder durch Einbringen des Häkchens in ein anderes der zahlreichen Löcher im Zeiger), daß er genau horizontal steht. Die Versuche mit den beiden Muskeln werden am besten nacheinander an demselben Kymographion und auf dem gleichen Trommelpapierstreifen untereinander vorgenommen. Die Zeigerspitze wird jetzt mit der mit einem berußten Papierstreifen umkleideten Trommel des Rotationskymographions in Berührung gebracht. Dann kann die Anlage der Elektroden (Reizgabel) an das eine Muskelende (*„direkte Reizung“*) oder, bei dem Nerv-Muskelpräparat des Frosches, an den Nerven (*„indirekte Reizung“*), bei der Krebsschere in die an der Schnittstelle sichtbare Muskulatur erfolgen; die beiden an der Reizgabel befestigten Drähte gehen zur Sekundärspule eines Schlitteninduktoriums, dieses ist von der Primärspule aus (zunächst noch unter Ausschaltung des WAGNERschen Hammers, da zunächst mit Einzelinduktionsschlägen gereizt werden soll) mit der einen Klammer direkt mit dem einen Akkumulatorenpol, von der anderen mit dem zweiten Pol mittels eines dazwischen geschalteten, jetzt noch offenen Stromschlüssels verbunden. Es kann außerdem noch eine elektromagnetische Stimmgabel zur Zeitschreibung in den Stromkreis eingeschlossen werden. Die Trommel wird nun in Rotation versetzt und der Stromkreis geschlossen. Es empfiehlt sich, zunächst mit relativ schwachen Strömen (Abziehen der Sekundärspule von der Primärspule) zu arbeiten. Einige Zeit nach dem Schließen des Stroms wird der Stromkreis wieder durch Öffnung des Stromschlüssels unterbrochen.

Am Froschmuskel kann man folgende Erscheinungen beobachten: Beim Schließen des Stroms erfolgt eine Zuckung, eine Kontraktion des Muskels. Die Zuckung besteht aus einer relativ steil ansteigenden Kontraktion und einer flacheren, auf die Kontraktion folgenden Dehnung des Muskels. Die *Zuckungszeit* setzt sich demgemäß aus der Kontraktions- und Erschlaffungs-(Dehnungs-)zeit zusammen. Bei Öffnung des Stromkreises erfolgt abermals eine Zuckung, die jedoch stärker, ausgiebiger ist als die bei Stromschluß: *Öffnungsschläge sind wirksamer als Schließungsschläge.* Dies wird im Versuch nur dann deutlich, wenn die Reizstärke relativ, d. h. so gering war, daß nicht schon der Schließungsschlag eine maximale Kontraktion des Muskels bedingte. Reizt man den Muskel mehrmals in gewissen Abständen hintereinander mit verschieden starken Stromstößen, so zeigt sich, daß von der *Reizschwelle,* d. h. von der Stellung der Sekundärspule, unterhalb der Reizungen keine Muskelzuckung mehr bewirken, aufwärts die *Hubhöhe,* d. h. das Ausmaß der Kontraktion, mit stärker werdendem Reiz bis zu einer gewissen Grenze zunimmt. Nicht der Muskel, das Faserbündel, wohl aber die Einzelfaser gehorcht dem *Alles- oder Nichtsgesetz* (s. S. 99), die in dem Muskel zusammengeschlossenen Fasern haben verschieden hohe Reizschwellen. Bei der Reizschwelle des Muskels kontrahieren sich zunächst nur wenige Fasern mit besonders tiefer Reizschwelle; bei stärker werdendem Reiz wird die Reizschwelle auch anderer Fasern, deren Reizschwelle höher liegt, überschritten, so daß sich die Hubhöhe immer mehr vergrößert. Ist die Reizschwelle aller in einem Muskel zusammengeschlossener Fasern überschritten, so nimmt die Hubhöhe mit stärker werdendem Reiz nicht mehr zu. Wenn man die Muskeln des Krebses und der Muscheln mit den Froschmuskeln vergleichen will, so nimmt man statt Einzelreizung tetanische Reizung mit Hilfe des WAGNERschen Hammers.

Beim *Vergleich* der von den Muskeln gewonnenen Kurven fällt sofort auf, daß die Zuckungskurve der quergestreiften Muskeln steiler ansteigt als die des glatten. Der glatte Muskel kontrahiert sich langsamer als der Gastrocnemius oder der Krebsscherenmuskel und dehnt sich auch träger. Die betreffenden Zeiten (Kontraktionszeit und Erschlaffungszeit) können mit Hilfe der Zeitschreibung direkt abgelesen werden.

Statt zwischen die Klammern eines Kymographionstatives können die Muskeln auch in einem sog. *Muskeltelegraphen* eingespannt werden. Dieser besteht im wesentlichen aus einem Brettchen, auf dem an jeder Schmalseite ein Holzpfeiler angeschraubt ist. Der eine dieser Holzpfeiler trägt an seinem oberen Ende ein Häkchen, in das das eine der durch den Muskel gezogenen Häkchen durchgezogen wird; der andere Pfeiler trägt an seinem oberen Ende eine Einkerbung, in der ein Rad bzw. eine Rolle läuft, deren Achse in zwei zu der ersten Kerbe senkrecht stehenden Kerben gelagert ist. An der seitwärts aus dem Lager herausstehenden Spitze der Achse kann ein Zeiger aus Pappe befestigt werden. Das Häkchen an dem einen Muskelende wird nun durch das an dem ersten Pflock befestigte Häkchen gezogen, während man an das andere Muskelhäkchen einen Zwirnsfaden bindet und diesen über die Rolle legt, den Muskel leicht anspannt, daß er nunmehr horizontal zwischen den beiden Pflöcken ausgespannt ist; den Muskel erhält man in dieser Lage durch die Befestigung eines nicht zu schweren Gewichtes an dem über die Rolle geführten Faden. Bei Kontraktionen des Muskels wird der Zeiger natürlich hochschnellen und man kann seine Ausschläge jetzt ebenfalls auf die rotierende Kymographiontrommel übertragen.

Auf einfache Weise läßt sich am Gastrocnemius der Nachweis erbringen, daß sich die Fasern des Muskels nicht parallel zueinander verkürzen. Zu diesem Zweck wird der Muskel in leicht gedehntem Zustand, was durch eine Vergrößerung der Entfernung zwischen den beiden Halteklammern am Kymographionstativ erreicht werden kann, aufgehängt und eine Insektennadel quer in den Muskel hineingesteckt, so daß sie genau senkrecht zu dem Faserverlauf des Muskels steht. Bringt man jetzt den Muskel zur Kontraktion, so zeigt sich, daß der Winkel, den die Nadel mit der Oberfläche des Muskels bildet, kein rechter mehr ist; dies müßte aber weiterhin der Fall sein, wenn sich die einzelnen im Muskel zusammengeschlossenen Fasern oder Faserbündel vollkommen gleichmäßig und parallel verkürzen würden.

Literatur: Feneis, H.: Gegenbaurs Jb. **76** (1935).

Die Bestimmung der Schlagfrequenz von Insektenflügelmuskeln.

Zur Bestimmung der Schlagfrequenz von Insektenflügeln bzw. deren Muskeln verwenden wir ein sog. Schußkymographion (s. Abb. 42). Dieses besteht aus einem starken langen Holzrahmen (Größe etwa 20 × 120 cm), der auf zwei starken, fest mit ihm verbundenen Füßen ruht. An der einen Schmalseite des Rahmens ist ein Bolzen eingelassen, der mittels einer starken Feder zurückgeschoben und gespannt und durch einen Auslösungsmechanismus vorgeschnellt werden kann. Dieser Bolzen stößt bei der Auslösung ein Brett vor, das innerhalb des Rahmens in zwei Schienen läuft; die Schienen bestehen aus je einem an der oberen bzw. unteren Längsleiste des Rahmens straff gespannten nicht zu schwachen Stahldrähten, an denen das Brett mittels dreier kleiner Führungslager (zwei an der Unterseite, eines an der Oberseite) läuft. Die Länge des Brettes soll etwa die Hälfte der Gleitbahn betragen. In das Brett kann eine mit Übergreiffedern auf ihm zu befestigende Glasplatte von entsprechenden Maßen in eine hierzu geschaffene Vertiefung des Schlittens, eingelegt werden. Die Glasplatte, die etwa die Länge des Schlittens hat, wird vor dem Versuch

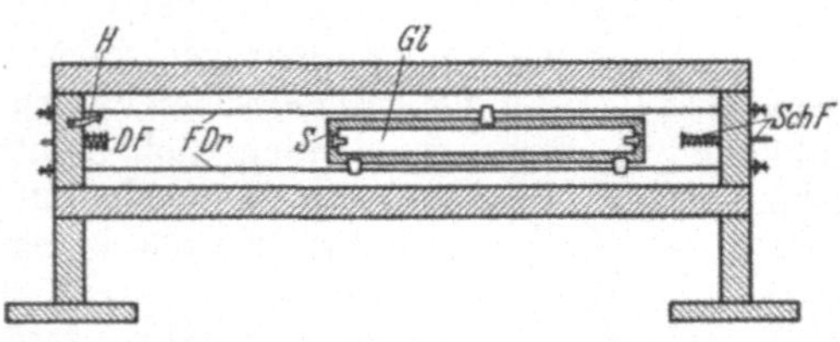

Abb. 42. Schußkymograph. *S* Schlitten, *FDr* Führungsdrähte, *SchF* Schußfeder, *DF* Dämpfungsfeder, *Sp* Sperrhaken zum Festhalten des Schlittens.

berußt. Man spannt die Feder durch Hereinschieben des Bolzens und Arretierung und schiebt den Schlitten auf der Gleitbahn bis an die Bolzenspitze heran. Am entgegengesetzten Ende der Gleitbahn tut man gut, eine Haltevorrichtung in Form eines Hakens für den nach dem Schuß aufprallenden Schlitten anzubringen, damit dieser nicht ab- und zurückprallt und eine zweite Kurve über die erste gezeichnet wird.

Hat man den Kymograph schußfertig gemacht, so nähert man der berußten Platte ein Insekt (größere Fliege, Biene), das am Thorax mittels Klebwachs an einem Haltestab befestigt ist[1]. Schwirrt das Tier, so bringt man seine eine Flügelspitze mit der berußten Platte in Berührung und schießt ab. Der Schlitten gleitet an den schwirrenden Flügeln vorüber, und ist die richtige Entfernung der Flügelspitze von der Glasplatte eingehalten, so zeigt sich auf ihr das Auf und Ab der Flügelschläge. Die Frequenz derselben kann ohne weiteres abgelesen werden, wenn gleichzeitig die Schwingungen einer elektromagnetischen Stimmgabel von bekannter Schwingungszahl mit auf die Glasscheibe des Schlittens aufgezeichnet wurden. — Schwirrt das Versuchstier nicht, so kann es oftmals durch Anhauchen hierzu veranlaßt werden.

Das Alles- oder Nichts-Gesetz bei der einzelnen glatten Muskelfaser.

Für die einzelne (glatte wie auch quergestreifte) Muskelfaser wird die allgemeine Gültigkeit des Alles- oder Nichts-Gesetzes angenommen. — Wir führen den Nachweis dieser Gültigkeit für die Chromatophorenmuskelfasern von *Loligo*[2].

Einem *Loligo* wird die Haut sorgfältig abgezogen und straff durch Nadeln auf einem Korkrähmchen fixiert. Die Haut muß so straff aufgespannt werden, daß Verschiebungen durch die Kontraktion der Hautmuskeln ausgeschlossen sind; die Hautmuskeln werden zu diesem Zwecke auch noch weitmöglichst abgetragen. Ebenso wird das feine muskelhaltige Häutchen, das die die Chromatophoren enthaltende Hautschicht bedeckt, entfernt. Die Präparate werden mit einem Deckglas bedeckt und können bei stärkster Vergrößerung in überlebendem Zustande unter dem Mikroskop betrachtet werden.

Die Chromatophorenzelle ist ein mit Pigment gefülltes häutiges Säckchen, an dem radial angeordnet Muskelzellen, die die Chromatophorenzelle kranzförmig umgeben, inserieren. Kontrahieren sich die Muskelfasern, so nimmt die Chromatophorenzelle an Größe zu; erschlaffen die Muskelfasern, so nimmt die Zelle infolge der Elastizität ihrer Hülle wieder ihre ursprüngliche Form an. Wir unterscheiden in der Haut von *Loligo vulgaris* braune, rote und gelbe Chromatophoren. Bei starker Vergrößerung erkennt man die Fibrillen im Inneren der Muskelzellen.

Die folgenden Versuche bzw. Beobachtungen werden streng genommen nicht an einzelnen Muskelzellen gemacht; es ist jedoch bei der gegebenen Anordnung der Muskelfasern an die Chromatophore leicht, aus deren Verhalten auf das der einzelnen Muskelfasern zu schließen. — Die elektrische Reizung geschieht durch Platinelektroden, die direkt auf das

---

[1] Bienen hält man besser mit der Pinzette an den Beinen fest.

[2] Wir schieben diesen Versuch ein, obwohl das Versuchstier in Deutschland nicht vorkommt, in Rücksicht auf etwaige Kurse am Mittelmeer.

Hautstückchen gelegt werden; zur Unterbrechung wird ein Platin-Quecksilberkontakt verwendet. Für eine Feuchthaltung der Oberfläche des Hautstückchens muß Sorge getragen werden.

Man beobachte die gelben Chromatophoren bei Reizung mit verschieden starken Einzelinduktionsschlägen (Änderung des Abstandes der Sekundärspule von der Primärspule am Schlitteninduktorium). Die Reaktion auf den Einzelinduktionsschlag (Expansion der Chromatophore, also Kontraktion der Muskeln) ist in der Regel nicht von der Reizstärke abhängig; submaximale Expansionen kommen nur sehr selten vor. Es spricht dies für die Gültigkeit des Alles- oder Nichts-Gesetzes bei den an den Chromatophoren inserierenden glatten Muskelfasern.

Dieser Beweis ist auch noch auf anderem Wege zu erbringen, nämlich durch Anwendung faradischer Reize. Die faradische Reizung führt zu einer tetanischen Kontraktion der Muskelfasern. Durch direkte Beobachtung ist sie als ein diskontinuierlicher Vorgang erkennbar. Bei nicht zu hoher Reizstärke erfolgt eine rhythmische Bewegung der Fasern. Die Stärke der Expansion der Chromatophore, also der Grad der Verkürzung der einzelnen Muskelelemente, ist aber schon unmittelbar oberhalb der Reizschwelle annähernd maximal. Es ist nicht möglich, auch bei feinster Abstufung der Reizstärke, durch faradische Reizung einen auch nur annähernd gleichmäßig halbexpandierten Zustand der Chromatophore hervorzurufen. Auch diese Erscheinung ist nur mit der Gültigkeit des Alles- oder Nichts-Gesetzes für die einzelne glatte Muskelfaser der Chromatophore erklärbar.

Literatur: Bozler: Beobachtungen an der einzelnen glatten Muskelfaser. Z. vergl. Physiol. **7**, 3 (1928).

Die Wärmeproduktion des arbeitenden Muskels.

Ein sich verkürzender Muskel produziert Wärme. Wir weisen die bei der Verkürzung des Muskels auftretende Wärme mit Thermoelement und Spiegelgalvanometer nach.

Das Prinzip des Spiegelgalvanometers besteht darin, daß ein astatisches Nadelpaar der Einwirkung eines magnetischen Feldes, welches durch schwache Ströme innerhalb einer Spule erzeugt werden kann, unterliegt; schwache Ströme lenken die Nadel aus ihrer Ruhelage ab. Mit der Nadel dreht sich auf einer fest mit ihr verbundenen Achse ein Spiegel, der den Strahl einer fest vor dem Apparat befindlichen Lampe auf eine in gewisser Entfernung in der Stube aufgehängte Skala reflektiert.

An den Klemmschrauben des Spiegelgalvanometers befestigt man zwei Kupferdrähte, die an ihren Enden durch einen an sie festgelöteten Konstantandraht verbunden sind. Die beiden Lötstellen bilden zwei Thermoelemente. Die eine Lötstelle wird in Wasser getaucht, die andere durch Einstecken der Drahtspitze in einen Muskel mit diesem in Verbindung gebracht. Man läßt den Spiegel zur Ruhe kommen (was bei Temperaturausgleich zwischen den beiden Thermoelementen der Fall ist) und merkt sich die Einstellung des Lichtstrahls auf der Skala. Kontrahiert sich der Muskel, so fließt ein Strom, der die Nadel, damit den Spiegel, aus seiner Ruhelage ablenkt, da jetzt durch die bei der Kontraktion an dem einen Thermoelement entstehende Wärme der Temperaturausgleich zwischen den beiden Elementen gestört ist.

Für diesen Versuch können verschiedene Muskeln verwendet werden. Z. B. ein Nerv-Muskelpräparat Gastrocnemius-Ischiadicus (Herstellung s. S. 94), bei welchem der Gastrocnemius dann vom Nerven aus mit Einzelinduktionsschlägen oder faradisch gereizt wird, oder andere Muskeln. Sehr demonstrativ ist z. B. auch der Nachweis der beim Flug der Insekten durch die Muskelarbeit entwickelte Wärme: Das eine Drahtende wird einem Schmetterling oder einer Biene oder Fliege von der Dorsalseite in den Thorax gestochen und das Tier zunächst am Fliegen gehindert, z. B. mittels einer zwischen die Füße gegebenen Papierkugel (s. S. 21). Nach Einstellung des Lichtpfeils läßt man das Insekt schwirren und beobachtet den sehr erheblichen Ausschlag.

Bei allen diesen Versuchen ist darauf zu achten, daß eine andersartige Erwärmung der Lötstellen als die gewünschte (z. B. durch Anfassen mit der Hand usw.) weitgehend vermieden wird. Bei Verwendung eines Nerv-Muskelpräparats ist wieder auf gutes Feuchthalten von Nerv und Muskel mittels Ringerlösung zu achten.

Nachweis eines Muskelantagonismus.

Zur Demonstration der Wirkungsweise antagonistischer Muskeln benutzen wir die Iris der Ringelnatter *(Tropidonotus natrix)*.

Die Iris besteht aus den zirkular verlaufenden Sphincter- und den radiär verlaufenden Dilatatorfasern, die sich normalerweise gegenseitig unterstützen. Ein Lichtreiz erhöht den Tonus im Sphincter und erniedrigt den im Dilatator, es resultiert eine Verengerung der Pupille, die durch die Sphincterkontraktion und Dilatatordilatation bedingt ist. Je stärker der Lichtreiz, desto stärker Sphincterkontraktion und Dilatorerschlaffung, desto größer also die Verengerung der Pupille (s. S. 5). Bei elektrischer (faradischer) Reizung werden aber beide Muskeln nicht, wie bei der Lichtreizung, gegensinnig, sondern gleichsinnig gereizt: Der auf den elektrischen Reiz hin resultierenden Sphincterkontraktion wirkt die auf den gleichen Reiz hin auftretende Dilatatorkontraktion entgegen.

Eine Ringelnatter wird durch Medullarschnitt getötet und ein Bulbus enukleiert und auf in Ringerlösung angefeuchtete Watte in einem Salznäpfchen festgelegt. Die Pupille sieht nach oben und wird durch eine etwa 10fach vergrößernde Lupe mit Mikrometerokular betrachtet und die Pupillenweite ausgemessen. Die Reizelektroden einer Reizgabel werden an die Cornea an zwei sich gegenüberliegenden Stellen des äußeren Irisrandes angelegt und mit verschieden starken Strömen faradisch gereizt. Die Versuche können bei Tageslicht erfolgen.

Die Reizung bewirkt eine Kontraktion der Iris in jedem Falle. Das Maß der Kontraktion für jede Stromstärke wird an der Skala des Okulars abgelesen und notiert. Es zeigt sich, daß das Kontraktionsmaß der Iris — im Gegensatz zu dem bei Lichtreizung — um so stärker ist, je schwächer der Reiz ist.

Daß stets eine Kontraktion resultiert, beweist, daß der Sphincter dem Dilatator überlegen ist; bei ganz starken Reizen, bei denen kaum eine Pupillenverengerung erfolgt, ist die Reizwirkung auf beide Muskeln annähernd die gleiche. Daß schwächere Reize stärkere Kontraktionen bewirken, beruht offenbar darauf, daß die Reizschwelle des Dilatators bedeutend höher liegt als die des Sphincters. Er beginnt seine Kontraktionen erst bei einer größeren Reizstärke.

Literatur: VON STUDNITZ, G.: Studien zur vergleichenden Physiologie der Iris. VI. Zool. Jb., Physiol. 1935.

Tonische und nichttonische Muskeln.

Tonische Muskeln sind solche, die sich im Anfang langsam verkürzen, aber sehr lange mit sehr geringem Energieaufwand verkürzt bleiben können; nichttonische oder Bewegungsmuskeln kontrahieren sich gewöhnlich rascher, können aber nur unter sehr starkem Energieverbrauch längere Zeit verkürzt bleiben und ermüden relativ rasch. Beide Arten von Muskeln finden wir sowohl unter der glatten als auch unter der quergestreiften Muskulatur.

Die verschiedene Wirkung von Acetylcholin auf tonische und auf nichttonische Muskeln. Acetylcholin bringt tonische Muskeln zur Verkürzung; diese Verkürzung, die die Form einer sog. „Kontraktur" hat, kann sehr lange dauern; auf nichttonische Muskeln wirkt Acetylcholin nicht. Es können wohl Zuckungen bei Wirkung von Acetylcholin auf den nichttonischen Muskel auftreten, jedoch gewöhnlich keine Kontraktur; tritt diese dennoch auf, so ist sie sehr gering und geht rasch vorüber. Tonische und nichttonische Fasern können in den verschiedenen Muskeln eines Tieres in verschiedener Verteilung vorhanden sein; danach richtet sich das Verhalten der Muskeln gegenüber Acetylcholin. Wir untersuchen im folgenden extreme Fälle.

Sehr viel oder vorwiegend tonische Fasern enthalten die Muskeln des Schultergürtels, sowie ferner die Flexoren, Umklammerungsmuskeln des Frosches; hierdurch ist der männliche Frosch befähigt, den Umklammerungsreflex auszuführen, eine sehr auffallende tonische Leistung der betreffenden Muskeln.

Wir ahmen den Umklammerungsreflex nach, indem wir Acetylcholin auf die betreffenden Muskeln wirken lassen. Die Frösche werden zunächst wie üblich dekapitiert und das Rückenmark mit einer Stricknadel ausgebohrt. Darauf wird der ganze Hinterkörper etwas oberhalb des Lumbalplexus abgeschnitten, so daß lediglich der intakte Schultergürtel mit den daran befindlichen Extremitäten übrig bleibt. Dieser wird jetzt bis auf die Zehen völlig enthäutet, dann mit einer Nadel, Brustbein nach oben, auf einen Kork befestigt. Das auf dem Kork festgesteckte Präparat wird nun mit seiner Unterlage ganz in die Acetylcholin-Ringerlösung eingetaucht und alsbald wieder herausgeholt. Die Konzentration des Acetylcholins in Ringerlösung wird zwischen 1 : 100 000 und 1 : 10 000 gehalten. Man merkt sich die Stellung der Vorderextremitäten vor dem Eintauchen, entweder durch Anfertigen einer Skizze oder durch Inbeziehungsetzen der Vorderextremitäten zu der Nadel, die das Präparat auf dem Kork hält. Beim Eintauchen der Vorderextremitäten erfolgt eine kräftige Annäherung dieser aneinander und ein Verharren in der neuen Stellung trotz des Gegenzuges der Schwerkraft. Es wird also unter der

Wirkung des Acetylcholins eine der Umklammerungshaltung ähnliche Stellung eingenommen. Bei den Männchen werden alle typischen Einzelheiten der Umklammerungshaltung durch die Acetylcholinwirkung getreu nachgeahmt. Es kommt nicht nur zu einer starken Beugung im Ellbogengelenk, sondern auch zu allen anderen für die Umklammerung charakteristischen Teilbewegungen, so zur Adduktion der Arme im Schultergelenk, zur Dorsalreflexion der Hände und Zehen, besonders des einwärts gekehrten Daumens, und endlich zur typischen Abknickung der Hände gegen den Unterarm nach der Daumenseite zu.

Taucht man dagegen die von der Haut befreiten Hinterextremitäten (Präparation s. S. 94) eines Frosches in die gleiche Acetylcholin-Ringerlösung, so erfolgt nichts. Man kann den Versuch auch mit einem einzelnen Muskel, z. B. dem Sartorius, machen; es resultiert ebenfalls kein Effekt. Die Muskeln der Hinterextremitäten enthalten wenige oder gar keine tonischen Fasern.

Literatur: VON LEDEBUR u. WACHHOLDER: Über tonische und nichttonische Wirbeltiermuskeln. Pflügers Arch. **1932.**

Demonstration des viscosoiden oder plastischen Tonus.

Manche Muskeln mancher „Hohlorganartigen" (JORDAN) lassen sich ohne Spannungsentwicklung, so wie Teer, Sirup, Plastilin oder Gelatine dehnen und wieder ineinander schieben. JORDAN bezeichnet diese Art des Tonus als viscosoiden oder plastischen Tonus; er gewährleistet die Festigkeit, den Turgor von Tieren oder Organen (z. B. Magen, Darm usw.), die häufigen Schwankungen ihres Flüssigkeitsgehaltes unterworfen sind.

Wir zeigen den viscosoiden Tonus an dem Fuß von *Helix pomatia*. Einer Schnecke wird die Schale mit dem Hammer zertrümmert und der Fuß aus dem Eingeweidesack herausgedrückt, indem man letzteren zwischen Daumen und Zeigefinger faßt. Ist der Fuß genügend herausgetreten, so wird er mit einem

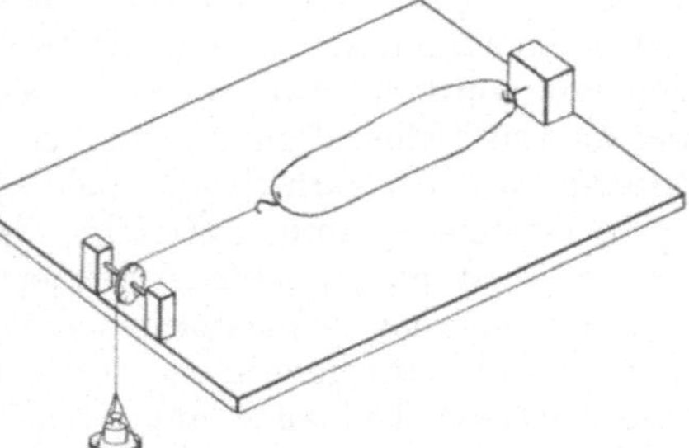
Abb. 43. Nachweis des viscosoiden Tonus nach JORDAN.

kräftigen Scherenschlag unmittelbar unter dem *Mantelkragen* vom Eingeweidesack abgeschnitten. Durch das Vorder- und Hinterende wird je ein aus Stecknadeln gebogener S-förmiger Haken gesteckt. Zur Vereinfachung der Verhältnisse entfernen wir die im Körper befindlichen Ganglien. Zu diesem Zwecke stecken wir den Fuß mit durch die Hakenösen eingesteckten Stecknadeln im Wachsbecken fest und durchschneiden die dorsale Haut des Kopfteiles der Länge nach. Es wird der Pharynx mit dem Cerebralganglion sichtbar, bei Anheben des Pharynx sehen wir das ganze Gangliensystem, zu dem auch die Pedalganglien gehören, vor uns liegen. Sie werden aus dem Körper herausgeschnitten, der jetzt nur noch diffus verteilte Ganglienzellen in den Fußmuskeln besitzt.

Das Präparat wird dann in einem einfachen Apparat befestigt. Ein Fußbrett trägt an der einen Schmalseite ein Klötzchen mit einer Öse, in die der eine durch die Schnecke gezogene Haken eingeführt werden soll. An der gegenüberliegenden Schmalseite des Brettchens sind zwei nach außen über die Schmalseite hinweg, gewissermaßen als Verlängerung der Längsseiten, hervorstehende Streben angeschraubt, die durch eine in ihnen laufende Achse verbunden sind. Um die Achse dreht sich ein Rad, das eine Gradeinteilung trägt; an der Achse endlich befindet sich ein feststehender Zeiger. Das Holzbrett wird mit einer Glasplatte belegt und diese mit Paraffinöl bedeckt. Der eine, z. B. der durch das Kopfende des Schneckenfußes gezogene Haken, wird in die Öse an dem Klötzchen eingeführt, an dem Haken des anderen Fußendes befestigt man einen Faden, führt ihn über das Rad und belastet ihn mit etwa 2 g; dadurch ist das ganze System einigermaßen gespannt, ohne daß doch schon eine Dehnung auftritt.

Man belaste jetzt das Präparat mit einem höheren Gewicht, z. B. mit 20 g, entweder durch Anbinden eines weiteren Gewichts an den Faden oder, hat man zum Tragen der anfänglichen 2 g ein Wägeschälchen benutzt, das an den Faden angeknüpft wurde, durch Auflegen von weiteren 18 g auf dieses. Das Präparat wird durch das neue Gewicht gedehnt. Das Maß der Dehnung pro Zeiteinheit kann an dem Rad abgelesen und notiert werden. Die Dehnung erfolgt zunächst rasch, verlangsamt sich dann und verläuft weiterhin ziemlich gleichmäßig, bis sie zum Stillstand kommt. Entfernt man jetzt das zusätzliche Gewicht, so zieht sich der Fuß ziemlich rasch ein kleines Stück zusammen und verharrt dann in der so erreichten Länge. Diese Wiederverkürzung wird auf die mitgedehnten elastischen Elemente des Präparats zurückgeführt, die — im Gegensatz zu den plastischen — unter Spannungsentwicklung gedehnt wurden. Auf sie dürfte auch anfänglich die rasche Dehnung, der die elastischen Elemente zunächst geringen, mit wachsender Dehnung (Spannung) aber vermehrten Widerstand entgegensetzen, zurückzuführen sein. Ist eine Spannung erreicht, die das Gewicht trägt, also ein Gleichgewichtszustand erreicht, so dehnen sich die elastischen Elemente nicht weiter, wohl aber die plastischen, die der Last stets annähernd den gleichen Widerstand entgegensetzen. Die Zeitlängenkurve verläuft deshalb in ihrem letzten Teil auch annähernd geradlinig.

Die Wiederverkürzung des entlasteten Präparats beträgt aber stets nur wenige Prozent der Dehnungsstrecke. Dieses Verhalten steht in striktem Gegensatz zu dem von Muskeln mit rein elastischen Fasern. Der entsprechende Versuch wird mit einem derartigen Muskel (z. B. Gastrocnemius; Präparation s. S. 94) unter genau den gleichen Versuchsbedingungen in demselben Apparat wiederholt. Man wird sehen, daß sich der Muskel nach Entlastung bis zu seiner Ruhelänge (d. h. der vor der Dehnung) oder sogar über diese hinaus verkürzt.

Literatur: HERTER: Untersuchungen über den Muskeltonus des Schneckenfußes. Z. vergl. Physiol. 1932. — JORDAN: Physiologisches Praktikum.

Schwimm- und Tonusmuskel von Pecten.

Die Familie der Pectiniden hat in den deutschen Meeren keine Vertreter, findet sich aber in den anderen europäischen Meeren zur Genüge.

Für die hier zu schildernden Versuche sind die meist schwerer zu beschaffenden großen Arten *Jacobaeus, Maximus* nicht erforderlich. Es genügen die kleineren: *Opercularis, Flexuosus* usw.

Es ist zunächst eine anatomische Untersuchung notwendig, evtl. an Spiritusmaterial auszuführen, um die genaue Lage der beiden Teile des Schließmuskels zu erkennen. Ist dies geschehen, so wartet man, bis die in einer flachen Glasschale liegende Muschel sich weit geöffnet hat, verhindert sie durch rasches Zwischenstecken eines geeigneten Gegenstandes am Schalenschluß und schneidet nunmehr den einen Teil des Muskels möglichst vollständig durch, ohne den anderen zu verletzen. Es ergibt sich dabei das folgende: Tiere, denen der Tonusmuskel zerschnitten ist, vermögen sich auf Reizung des Mantelrandes sehr wohl noch schnell zu schließen, sie können aber die Schale auf die Dauer nicht geschlossen halten. Vor allem können sie aber noch sehr gut schwimmen. Solche Muscheln dagegen, denen der große glasige Schwimmuskel durchschnitten ist, sind hierzu völlig unfähig, dafür können sie die Schale nach Reizung beliebig lange geschlossen halten.

Über andere Muschelarten, die eine scharfe anatomische Trennung beider Muskelhälften zeigen, liegen bisher noch keine geeigneten Untersuchungen vor.

Literatur: v. ÜXKÜLL, J.: Studien über den Tonus. Die Pilgermuschel. Z. Biol. **39** (1900).

Physiologie der Ernährung.

Demonstration der Nahrungsaufnahme verschiedener Tiere.

1. Strudler (Mikrophagen).

a) Paramaecium. Auf einen Objektträger bringt man einen Tropfen aus einer gut entwickelten Paramaeciumkultur und setzt etwas feinzerriebene chinesische Tusche oder Carmin oder eine andere im Wasser fein verteilte Substanz zu. Man läßt das Präparat zunächst ohne Deckglas und beobachtet bei schwacher Vergrößerung die allmähliche Füllung der Nahrungsvakuolen. Später legt man ein Deckglas auf und saugt soviel Flüssigkeit ab, daß die Bewegung der Paramaecien etwas gehemmt ist. Man kann dann bei stärkerer Vergrößerung die Vorgänge des Hineinstrudelns der Partikelchen ins Peristom, die Ablösung der Nahrungsvakuolen und ihre zirkulierende Bewegung im Tierkörper genauer verfolgen.

b) Daphnia. Einige Daphnien von mittlerer Größe werden in einer kleinen Wassermenge in ein Uhrschälchen oder auf den Objektträger gebracht. Die Wassermenge muß so reguliert werden, daß die Tiere einigermaßen ruhig liegen und am Schwimmen verhindert sind; ein Deckglas darf nicht aufgelegt werden, da dann die Strudelbewegungen der Beine in den meisten Fällen eingestellt werden. Zu dem Wasser werden ein oder zwei Tropfen einer sehr feinkörnigen Carmin- oder Tuscheaufschwemmung hinzugetan und mit dem Wasser gut durchmischt. Man sieht jetzt, wie unter der Wirkung der schnellen rhythmischen Bewegung der Thorakalextremitäten am ventralen Schalenrand ein Sog entsteht, und ein beträchtlicher Flüssigkeitsstrom samt Partikelchen in den Schalenraum hineingeführt wird, um ihn an anderer Stelle wieder zu verlassen. Bei stärkerer Vergrößerung läßt sich erkennen, wie sich die Tuschekörnchen in den Reusen der Extremitäten festsetzen und allmählich nach der Basis der Extremitäten und zugleich nach vorn transportiert werden. Bei manchen Tieren kann man auch die rhythmischen Kontraktionen und Erweiterungen des Oesophagus erkennen, durch welche die bis zum Munde gelangten Partikelchen eingesaugt werden. Das Abdomen reinigt dann und wann durch Vorgreifen und Rückwärtsschlagen den Schalenraum.

c) Muscheln. Als Material können die gewöhnlichen Teichmuscheln dienen, sehr geeignet ist auch *Mytilus.* Im Grunde läßt sich jede beliebige Muschelart verwenden. Der Muschel wird die eine Schalenhälfte und der dazugehörige Mantellappen entfernt. Hierzu fährt man mit einem starken, scharfen Messer zwischen die zu entfernende Schalenhälfte und den Mantellappen und durchschneidet zunächst die beiden Schließmuskeln. Man kann jetzt die Schalenhälfte hochheben und am Schloß abreißen; der Mantel wird abpräpariert, so daß die Kiemen freiliegen. Die Muschel wird jetzt unter Wasser unter das Binokular gebracht und mit einer Pipette eine sehr kleine Menge einer Carmin- oder Tuscheaufschwemmung auf das äußere Kiemenblatt aufgetragen und zwar möglichst nahe der dorsalen Kiemenbasis. Man beobachtet nunmehr den Transport der Partikelchen. Bei den meisten Muscheln führt ein Flimmerstrom die Kiemenfilamente entlang dorsoventral bis zum ventralen Kiemenrand. Hier befindet sich eine besonders stark entwickelte Flimmerrinne, der entlang die mit Schleim verbackenen Partikelchen nach vorn transportiert werden. Am vorderen Ansatzpunkt der Kiemen angelangt, werden die Bröckchen von den Flimmern der Mundsegel übernommen und dem Munde zugeführt. Zur genaueren Beobachtung kann man auch einen Teil des Kiemenblattes herausschneiden und unter dem Mikroskop bei stärkerer Vergrößerung betrachten.

Die Muschel kann ungeeignetes oder überflüssiges Material ablehnen. Es geschieht dies mit Hilfe des Velums, das derartiges Material nach seiner Spitze befördert und von dort in den Mantelraum wirft. Das weitere Schicksal dieser Partikelchen läßt sich verfolgen, wenn man aus der Schale die Kieme und den gesamten Eingeweidesack ausräumt, so daß nur der Mantellappen in der Schale verbleibt. Es wird jetzt auf die Innenfläche des Mantels etwas Carmin gestreut und die Richtung der Flimmerströme beobachtet.

Sehr geeignete Versuchstiere für die Beobachtung des Hineinstrudelns der Nahrung sind auch gewisse kleine durchsichtige Ascidien, z. B. *Clavellina lepadiformis.*

2. Schlinger. Diejenigen Tiere, die ihre Beute total herunterschlingen, sind zur Beobachtung im Praktikum ungleich weniger geeignet. Am lehrreichsten ist vielleicht das Studium der *Coelenteraten.*

Eine möglichst große *Hydra* wird 1—2 Tage vor dem Versuchstage in reines, nahrungsfreies Wasser gebracht, so daß sie mit Sicherheit hungrig ist. Sie wird in ein Uhrschälchen mit ziemlich viel Wasser gesetzt und es werden, wenn sie sich wieder ausgestreckt hat, einige kleinere Daphnien hinzugesetzt. Man beobachtet den Fang des Krebses mit Hilfe der Nesselkapseln, was gegebenenfalls Gelegenheit zur Besprechung dieser Organe gibt. Es läßt sich ferner beobachten, daß das Herz der Daphnie einige Zeit nach der Berührung mit den Fangtentakeln stillsteht (Wirkung des Nesselgiftes). Schließlich läßt sich das Hinunterwürgen der Beute beobachten.

Ähnliche Beobachtungen lassen sich mit Aktinien anstellen, denen man mit Hilfe einer Pinzette kleine Stücke Muschelfleisch, Regenwurm usw. auf die Tentakelkrone wirft. Man beachte das verschiedene Verhalten genießbaren und ungenießbaren Stücken gegenüber. Interessant ist die Behandlung von Aktiniententakeln, die abgeschnitten in die Tentakelkrone geworfen werden. Arteigene Tentakel werden verschmäht, artfremde gefressen.

3. Extraintestinale Verdauung. Bei einer Reihe von Tieren vollzieht sich die Verdauung außerhalb des Tierkörpers. Der durch die Einwirkung der Verdauungssäfte entstandene Brei wird eingeschlürft. Das beste Beispiel dieser Art von Nahrungsaufnahme bilden die Larven der Schwimmkäfer (*Dytiscus* usw.). Die *Dytiscus*-Larven müssen einzeln gehalten werden, da sie sich gegenseitig auffressen. Man gibt in ein Glas, in dem sich eine größere Larve befindet, eine oder mehrere Kaulquappen, oder kleinere Wasserinsekten. Es läßt sich leicht beobachten, wie die großen Zangen in die Beute eingeschlagen werden. Die Beute bleibt stets deutlich vom Maule getrennt. Trotzdem ist zu beobachten, daß die Beute sich zusehends verkleinert. Das durch die hohlen Zangen in den Körper der Kaulquappe eingespritzte Verdauungssekret löst an Ort und Stelle die Gewebe auf.

Andere Beispiele für extraintestinale Verdauung, die sich gegebenenfalls auch beobachten lassen, sind die Laufkäfer (*Carabus* usw.), die gern Regenwürmer fressen, ferner die Ameisenlöwen *(Myrmeleo)*, endlich die Spinnen.

4. Sauger. Bei den typischen Saugern ist die Nahrung (Blut, Pflanzensäfte usw.) von vornherein flüssig. Nachdem durch Stechen, Schneiden usw. der die Flüssigkeit enthaltende Hohlraum erreicht ist, können die Mundwerkzeuge eingeführt werden. Das Saugen geschieht durch die Tätigkeit einer muskulösen Pumpe, die sich im vordersten Teil des Darmtractus findet.

Am leichtesten zu demonstrieren ist der Saugakt bei Stechmücken[1]. Die Mücke wird am besten nach Abschneiden der Flügel in geeigneter Weise in Seitenlage auf dem Objektträger fixiert, entweder mit etwas Seidengaze bzw. Zellophan, das über sie gebreitet und festgeklebt wird oder aber unter dem Deckglas. Es wird dann die Rüsselscheide mit dem sog. Züngelchen am Ende vorsichtig mit einer Präpariernadel in die Höhe geschoben und abgeschnitten, so daß die Stilettbündel frei liegen. Nunmehr bringt man die Spitze dieses Bündels in ein Capillarrohr, das mit einer gefärbten Flüssigkeit gefüllt ist: Methylenblau, Alauncarmin usw. (Auch giftige Flüssigkeiten werden aufgenommen, ein Beweis, daß das Tier die Qualität der Nahrung nicht kontrolliert.) Man beobachtet jetzt die Hin- und Herbewegung der Stechborsten und das Aufsaugen

---

[1] Der Versuch ist speziell für Anopheles beschrieben, die in vielen Gegenden von Deutschland vorkommt.

der Flüssigkeit. Der Versuch kann sinngemäß auch im Abschnitt chemischer Sinn ausgeführt werden.

Literatur: FÜLLEBORN: Über den Saugakt der Stechmücken. Arch. Schiffs-u. Tropenhyg. **36** (1932).

Die Verdauungsfermente.

Allgemeines: Die Verdauungsfermente bauen die hochmolekularen Nahrungsstoffe in resorptionsfähige kleinmolekulare ab. Sie werden, wie bekannt ist, in die drei großen Gruppen der Carbohydrasen, Proteasen und Lipasen eingeteilt. Im folgenden begnügen wir uns mit den einfachsten qualitativen Nachweisen der im Tierreich verbreitetsten Fermente.

1. Carbohydrasen.

Von diesen die Kohlehydrate spaltenden Fermenten ist das verbreitetste die Amylase (Diastase), deren Angriffsobjekt die Stärke ist. Sie ist in der Regel vergesellschaftet mit der Maltase, welche die zunächst entstehenden Maltosemoleküle zu Traubenzucker weiterspaltet. Die Prüfung auf Amylase kann in verschiedener Weise geschehen.

Jodnachweis. Der wässerigen Stärkelösung werden ein oder mehrere Tropfen Jod zugesetzt, bis die Lösung schön blau ist. Zusatz einer amylasehaltigen Flüssigkeit bewirkt, daß die Blaufärbung, die an die Existenz der Stärke gebunden ist, nach einiger Zeit verschwindet. Dieser Nachweis kann also als ein spezifischer für die Gegenwart eines stärkespaltenden Ferments angesehen werden.

Die FEHLINGsche *Probe* ist ein Nachweis für Hexosen, durch deren reduzierende Eigenschaften Kupfersulfat in das rotgefärbte Kupferoxydul übergeführt wird. Sie ist also kein Spezificum für Amylase, sondern zeigt nur an, daß die ursprünglich vorhandenen Polysaccharide oder Disaccharide zu Monosacchariden gespalten worden sind. Die Ausführung ist die folgende: Zu einigen Kubikzentimetern der auf die Gegenwart von Carbohydrasen (Amylase, Invertase, Maltase usw.) zu prüfenden Flüssigkeit werden einige Kubikzentimeter einer wässerigen Stärkelösung zugesetzt und das Gemisch einige Zeit stehen gelassen. Hierauf gibt man zu dem Gemisch etwa 2 ccm einer wässerigen Lösung von Natronlauge + SEIGNETTE-Salz und fügt vorsichtig soviel Kupfersulfatlösung zu, daß sich das ganze schön blau färbt. Dann wird vorsichtig aufgekocht. Es bildet sich sofort oder nach einigen Minuten Abstehens ein ziegelroter Niederschlag. Als Gegenprobe mache man die FEHLINGsche Probe mit reiner Stärkelösung. Es tritt kein roter Niederschlag auf.

Nachweis der Amylase in Speicheldrüsensekret verschiedener Tiere. 1. *Helix pomatia.* Präparation der Speicheldrüsen: Einer Weinbergschnecke wird die Schale mit dem Hammer zerklopft und die einzelnen Schalenstücke mit der Pinzette abgenommen. Man hebt den Eingeweidesack an und schneidet ihn mit einem scharfen Scherenschnitt möglichst hoch vom Fuß ab. Es wird dann die dorsale Fußhaut mit einem von der Wundstelle nach vorn zum Munde geführten Längsschnitt aufgeschnitten und zur Seite geklappt. Schon beim Abschneiden des Eingeweidesackes kann dunkelbraun gefärbter Kropfsaft heraustropfen, der für weitere Versuche (s. S. 112) in einem Salznäpfchen aufgefangen wird. Unter dem zum Munde geführten Längsschnitt sieht man meist schon den dunkelbraun oder schwarz gefärbten Intestinaltrakt liegen, der hinten (also an der ersten Schnittstelle, dort, wo er von seiner Fortsetzung im Eingeweidesack abgeschnitten wurde) mit der Pinzette ergriffen und herausgezogen wird, was mühelos gelingt. Man sieht jetzt an dem vorderen Ende die großen Speicheldrüsen mit ihren nach vorn ziehenden Ausführgängen ansitzen. Sie können mit einer Pinzette und feinen Schere abgelöst und in ein Porzellanschälchen getan werden. Dort werden sie mit etwas Wasser verrieben und dann etwa 5 ccm einer Stärkelösung zugetan. Man läßt das Gemisch etwa 15—30 Min. stehen (mehrmals zwischendurch wieder gut mischen) und macht dann die FEHLINGsche Probe. Sie fällt positiv aus.

2. Amylase in den Speicheldrüsen von *Periplaneta (Blatta) orientalis* und *Dixippus (Carausius) morosus*. Präparation der Speicheldrüsen: a) *Periplaneta*. Das Tier wird geköpft und am Abdomen in einer Wachsschale mit dem Rücken nach oben festgesteckt. Die dorsalen Chitinplatten des Thorax werden mit einer feinen Schere am Rande vorsichtig abgeschnitten und mit Pinzette und Schere von der Muskulatur abgetrennt. Die Speicheldrüsen und ihre Reservoire sind dann rechts und links des Vorderabschnittes des Kropfes sichtbar; sie werden vorsichtig herausgehoben und in etwas physiologischer NaCl-Lösung zermörsert. b) *Dixippus*. Mit einer feinen Schere wird der Stabheuschrecke am Kopf und an den vordersten Thorakalsegmenten die dorsale Körperbedeckung mit Flachschnitten abgeschnitten, austretendes Blut mit Filtrierpapier abgesaugt und nötigenfalls Tracheen und Muskulatur unter dem Binokular fortpräpariert. Die Speicheldrüsen, die dem Oesophagus anliegen, können dann mit der Pinzette herausgezogen werden, wobei Verletzungen des Intestinaltrakts, die eine Befeuchtung der Speicheldrüsen mit Kropfsaft zur Folge haben können, sorgsam zu vermeiden sind.

Zu etwa 5—10 ccm Stärkelösung setzt man den Speicheldrüsenquetschsaft von zwei bis drei *Periplaneta* bzw. *Dixippus* zu, mischt gut und läßt, unter zeitweiligem abermaligen Mischen, 15—30 Min. stehen. Dann wird die FEHLINGsche Probe ausgeführt, die positiv ausfällt.

3. Amylase im menschlichen Speichel. Etwa 2 ccm menschlicher, im Reagensglas gesammelter Speichel wird zu etwa 10 ccm einer Stärkelösung, die mittels eines Tropfens Jod tiefblau gefärbt wurde, zugesetzt und umgeschüttelt. Schon nach kurzer Zeit verschwindet die Blaufärbung der Lösung vollkommen.

Außer in den Speicheldrüsen findet sich Amylase in den übrigen Darmabschnitten zahlreicher Wirbelloser. Als Beispiele seien genannt: **Darmkanal des Regenwurms.** Ein mittelgroßer Regenwurm wird in zahlreiche kleine Stücke zerschnitten und diese im Mörser mit etwas Wasser zerrieben. Zusatz von einigen Kubikzentimetern Stärkelösung und nach einiger Zeit (15—30 Min.) FEHLINGsche Probe. **Kropfsaft** von *Helix* und *Periplaneta*, **Magensaft** von *Potamobius* oder *Carcinus* (Technik s. S. 112). **Darmkanal** von Raupen, Mehlwürmern usw., aber nicht von erwachsenen Schmetterlingen! **Leberschläuche** von *Asterias* (Technik s. S. 115).

Der Krystallstiel der Muscheln enthält Amylase. Material: *Unio, Anodonta* oder *Mya*. Den Muscheln wird zunächst eine Schalenklappe und der dazugehörige Mantellappen entfernt. Man führt dann ein Scherenblatt in den Mund ein und schneidet mit einem Schnitt den schräg aufwärts führenden Oesophagus bis in den Magen hinein auf (der Verlauf des Oesophagus kann mit einem Scherenblatt gefühlt werden). Der Magen wird auseinandergeklappt und nach dem Krystallstiel gesucht; seine Tasche mündet von ventralanal in den Magen. Der Krystallstiel ist meist nur bei ganz frisch gefangenen Tieren vorhanden. Die Krystallstiele einiger Muscheln (3—4) werden mit etwas Wasser im Porzellanmörser zerquetscht und die Hälfte des gewonnenen Quetschsaftes zu 5—10 ccm einer Stärkelösung zugesetzt. Die Stärkelösung wurde vor Zusatz des Quetschsaftes mit Hilfe eines Tropfens Jod blau gefärbt. Die Blaufärbung schwindet bald nach dem Zusatz des Krystallstielquetschsaftes.

Von den **Wirbeltieren** sei erwähnt, daß die **Galle des Karpfens** *(Cyprinus carpio)* Amylase enthält [1], die der höheren Wirbeltiere enthält hingegen keine Fermente (Rinder- oder Schweinegalle vom Schlachthof). Dagegen kommt Amylase ganz allgemein in der **Pankreas** und demgemäß im **Mitteldarm der Wirbeltiere** vor. Vom vergleichend physiologischen Standpunkte ist es interessant, den großen Unterschied zwischen der Wirksamkeit des Darmsaftes eines Friedfisches (Karpfen oder Schleie) und eines Raubfisches (Dorsch, Hecht) festzustellen. Der Darm inklusiv Pankreas wird klein zerschnitten mit Wasser verrührt und im Mörser zu einem Brei verarbeitet, der filtriert wird. Mit dem Filtrat wird in der üblichen Weise verfahren, indem man mit Jod gebläute Stärke zusetzt. Der Umschlag zum Farblosen erfolgt beim Karpfendarm viel schneller als beim Darm des Raubfisches.

Die **Maltase** spaltet Maltose (Malzzucker) zu Traubenzucker. Relativ große Mengen Maltase enthält die Speicheldrüse des Schweins, der Darm von *Testudo graeca*, der Intestinaltrakt von *Astacus* [1], bei anderen (Speichel der meisten Säugetiere, Pankreas des Karpfens und des Frosches) tritt die Maltase gegenüber der Amylase stark in den Hintergrund. Maltose vermag Kupfersulfat nicht zu reduzieren (die FEHLINGsche Probe mit einer Malzzuckerlösung fällt negativ aus!); der Nachweis der Maltase kann deshalb derart erfolgen, daß dem auf Maltase zu prüfenden Gewebe einige Kubikzentimeter einer wässerigen Malzzuckerlösung zugesetzt werden und einige Zeit stehen gelassen. Fällt die dann vorgenommene FEHLINGsche Probe positiv aus, so muß das Gewebe Maltase enthalten haben.

Das rohrzuckerspaltende Ferment **Invertase oder Saccharose** fehlt dem Speichel der Wirbeltiere und des Menschen, findet sich dagegen im Speichel der Weinbergschnecke und in ihrem Kropfsaft. Zum Nachweis der Invertase wird der Quetschsaft zweier Speicheldrüsen von *Helix* mit 5 ccm einer verdünnten Rohrzuckerlösung übergossen. Die Weiterbehandlung ist wie beim Amylasenachweis. Die FEHLINGsche Probe fällt positiv aus.

---

[1] JORDAN: Allgemeine vergleichende Physiologie der Tiere. Berlin 1929.

Invertase ist das einzige Ferment, das sich im Darm der nektarsaugenden Schmetterlinge (Schwärmer, Tagfalter) vorfindet. Zur Technik ist nichts besonderes zu bemerken. Spinner, die gar keine Nahrung aufnehmen (*Dicranura, Lymantria* auch als Puppen leicht käuflich) haben in ihrem Darm überhaupt keine Fermente. Invertase ist ferner leicht nachweisbar im Krystallstiel der Muscheln (vgl. S. 109).

2. Cellulasen

sind im Tierreich wenig verbreitet. Als charakteristische positive Beispiele ihres Vorkommens betrachten wir den **Kropfsaft der Stabheuschrecke** *(Dixippus morosus)* und **der Weinbergschnecke** *(Helix pomatia)*. Eine kleine Menge Kropfsaft dieser Tiere wird in ein Uhrschälchen oder Salznäpfchen gebracht und hierzu einige dünne Rasiermesserquerschnitte eines krautigen Gewächses hinzugetan (im Winter *Tradescantia* geeignet). Zur Kontrolle bringt man die gleichen Schnitte a) in etwas Wasser, b) in verschiedene andere Verdauungssäfte, insbesondere Magensaft bzw. Prankreassaft von Wirbeltieren und Darmsaft verschiedener Insekten (Raupen). Nur bei *Helix* und *Dixippus* ist eine allmähliche Auflösung der Zellwände zu beobachten. Bei *Helix* ist der Prozeß sehr viel energischer. Es ist gut, die Versuche bei nicht zu geringer Temperatur zu machen, auch kann man zum Vergleich entsprechende Präparate demonstrieren, die tags zuvor angefertigt waren.

.Ein im besonderen Maße auf cellulosehaltige Nahrung eingestellter Organismus ist die **Amöbe *Pelomyxa***. Man gibt den Tieren kleine mikroskopische Holzsplitter oder ein ähnliches Material zu fressen, das vorher mit einem Vitalfarbstoff gefärbt worden war.

3. Proteasen.

Die eiweißspaltenden Fermente oder Proteasen finden sich in den mittleren Darmteilen (Kropf, Magen, Mitteldarm) beinahe aller Tiere, fehlen dagegen in der Regel in den Speicheldrüsen. Zu ihrem allgemeinen Nachweis können drei Methoden verwandt werden.

a) Der auf Protease zu prüfende Gewebssaft wird einer wässerigen Eiweißlösung zugesetzt. Die Mischung wird unter zeitweiligem Umschütteln einige Zeit stehen gelassen, am besten im Wasserbad von 37⁰ und hierauf vorsichtig aufgekocht. Das noch vorhandene Eiweiß flockt aus. Indem man den Grad der Ausflockung mit der einer gleichen Menge reiner Eiweißlösung ohne Protease vergleicht, kann man erkennen, ob ein Abbau von Eiweiß eingetreten ist. Nach energischem Abbau kann die Ausflockung ganz ausbleiben.

b) Zu dem zu prüfenden Gewebssaft wird eine Flocke gefärbten Blutfibrins zugegeben. Man beobachtet die allmähliche Auflösung der Flocke und die hiermit verbundene Färbung der Flüssigkeit.

c) Spuren von auf Protease zu prüfendem Gewebssaft werden etwas in einem hohlen Objektträger eingetrockneter Rußgelatine zugesetzt. Der Objektträger wird folgendermaßen vorbereitet: Ein Blatt gewöhnlicher Gelatine wird in Wasser 24 Stunden quellen gelassen. Stückchen der gequollenen Gelatine bringt man dann in ein Reagensglas und setzt

2—3 Fingerhüte voll ganz fein zerriebenen Ofenruß hinzu und erhitzt über der Bunsenflamme. Durch Umschütteln wird die sich verflüssigende Gelatine mit dem Ruß gut gemischt. Einen Tropfen der flüssigen Rußgelatine bringt man in die Höhlung eines hohlen Objektträgers und läßt diesen einige Stunden stehen, bis die Gelatine vollkommen hart eingetrocknet ist. Man legt dann ein kleines Stückchen Badeschwamm, das mit dem auf das Ferment zu prüfenden Gewebepreßsaft durchtränkt wurde, auf die eingetrocknete Gelatine, bedeckt mit einem Deckglas und läßt 30—60 Min. stehen. Entfernt man nach Ablauf dieser Zeit das Schwammstückchen, so sieht man, daß die Gelatine, vorausgesetzt, daß das Gewebe Protease enthielt, darunter verflüssigt ist und daß der Schwamm durch Aufsaugen der verflüssigten Gelatine sich geschwärzt hat. Das Ferment hat die Gelatine abgebaut. — Der Gegenversuch wird derart gemacht, daß ein mit reinem Wasser getränktes Schwammstückchen in gleicher Weise und gleich lange Zeit auf die eingetrocknete Rußgelatine aufgelegt wird. Die unter diesem Schwamm gelegenen Gelatinepartien sind nicht gelöst, sondern nur gequollen, der Schwamm bleibt vollkommen sauber und hat keine Gelatine aufgesogen.

Literatur: BEUTLER: Z. vergl. Physiol. 1 (1926).

Das Vorkommen von Proteasen wird an folgenden Beispielen erläutert. **1. Paramaecium.** Das Verfahren ist genau das gleiche wie auf S. 105 geschilderte, nur wird dem Wassertropfen, in dem die Paramaecien schwimmen, eine Suspension zugefügt, die fein verteiltes mit Kongorot gefärbtes Eiweiß enthält. Es ist zu beobachten, daß die Nahrungsvakuolen einige Zeit nach ihrer Ablösung vom Schlunde sich blau färben, ein Zeichen für die Gegenwart einer Mineralsäure. Hierauf geht die Farbe wieder in Rot über, während gleichzeitig die Flocken der Auflösung verfallen.

2. Darmkanal des Regenwurms. Ein mittelgroßer Regenwurm wird in zahlreiche kleine Stücke zerschnitten und diese im Mörser mit etwas Sand zerrieben. Ein Drittel des erhaltenen Breies setzt man einer Eiweißlösung von 5—10 ccm zu. (Die anderen $^2/_3$ werden zum Nachweis der Amylase und Lipase gebraucht.) Nach einiger Zeit ($^1/_2$ Stunde) ist beim Aufkochen keine Ausflockung des Eiweißes mehr zu beobachten. Entsprechende Versuche können auch mit dem Magensaft verschiedener Krebse, mit dem Kropfsaft fleischfressender Schnecken sowie mit dem Kropfsaft carnivorer Insekten *(Carabus, Dytiscus)* mit Erfolg angestellt werden.

3. Magensaft von Potamobius und Carcinus. Er kann unter Umständen gewonnen werden, indem man dem Tiere mit einer Rekordspritze und stumpfer Kanüle vom Mund aus in den Magen fährt und ihn aussaugt. Gelingt dies nicht, so kann man dem Krebs vom Rücken her den Thorakalpanzer entfernen. Bei *Carcinus* wird der Panzer, wie bei der anatomischen Präparation dem Rande des Rückenschildes entlang mit einer starken Schwere aufgeschnitten und abgehoben. Man sieht dann den Magen unmittelbar liegen. Bei *Potamobius* kann der Rückenpanzer leicht abgehoben werden; um den Magen sichtbar zu machen, muß man gewöhnlich die Mitteldarmdrüse etwas beiseite schieben. Der Magen wird in beiden

Fällen vorsichtig angeschnitten und der rotbraune Magensaft, der der Mitteldarmdrüse entstammt, mit einer Pipette entnommen. Der Magensaft zweier Krebse wird zur Prüfung der vier Fermente Amylase, Invertase, Protease und Lipase auf vier Reagensgläser verteilt. Bei der Prüfung der Protease wird wie oben angegeben verfahren.

4. Der Kropfsaft fleischfressender Insekten wird einfach in der Weise gewonnen, daß das Tier wie üblich vom Rücken her aufpräpariert wird. Der Kropf wird vorn und hinten abgebunden und total in ein Uhrschälchen gelegt, in welchem man ihn aufschneidet und den Saft abtropfen läßt.

5. Der Kropfsaft von *Helix* enthält überraschenderweise keine Protease. Man kann entweder so vorgehen, wie auf S. 108 beschrieben wurde, oder die Tiere werden wie üblich in abgekochtem Wasser getötet, der lang ausgestreckte Halsteil vorsichtig dorsal aufpräpariert und der freigelegte Kropf vorn und hinten abgebunden und hierauf herausgenommen.

Die Versuche zur Feststellung einer Protease verlaufen negativ, das Eiweiß wird nur in der Mitteldarmdrüse intracellulär verdaut.

Keine Protease enthält ferner, wie schon vermerkt wurde, der Mitteldarm blütensaugender Schmetterlinge (Tagfalter, Schwärmer, wahrscheinlich alle Schmetterlinge überhaupt).

6. In den Mitteldarmdrüsen der mit solchen versehenen Evertebraten kommen Proteasen ausnahmslos vor. Es versteht sich dies dort von selbst, wo der Kropfsaft aus der Mitteldarmdrüse stammt (Krebse, fleischfressende Schnecken usw., Seesterne usw.). Es ist dagegen nicht selbstverständlich bei Formen, deren Magen- bzw. Kropfsaft frei von Proteasen ist (herbivore Schnecken, Muscheln).

Am bequemsten ist es, aus der herauspräparierten Mitteldarmdrüse einen Brei bzw. Quetschsaft herzustellen, der zum Teil auch für den Nachweis der übrigen Fermente benutzt werden kann.

Auf die Verhältnisse des Magensaftes und der Darmsekrete der Wirbeltiere wird hier nicht eingegangen, da sie in jedem anderen Praktikum abgehandelt sind.

Die Unangreifbarkeit lebender Zellen durch die Proteasen. Die lebende Zelle ist durch die Beschaffenheit ihrer Außenhaut gegen die Einwirkung von Proteasen geschützt. Diese interessante Tatsache kann in der folgenden Weise demonstriert werden. Man tut in ein Uhrschälchen einige Tropfen einer Paramaeciumkultur und gibt etwas Kropfsaft oder Mitteldarmbrei, der nach vorhergegangenen Versuchen erwiesenermaßen proteasehaltig ist, hinzu. Bedingung ist, daß das Sekret nicht zu sauer ist. Es läßt sich auch käufliches Säugetiertrypsin, in der üblichen Weise alkalisch gemacht, verwenden. Die Paramaecien schwimmen unbehindert lange umher, ohne sichtbare Schädigungen aufzuweisen.

4. Lipasen.

Die im Tierreich weit verbreiteten fettspaltenden Fermente zerlegen die natürlichen Fette in Glycerin und Fettsäuren. Zu ihrem Nachweis begnügt man sich mit der Feststellung, daß die Reaktion der fetthaltigen Substanz nach Zusatz des Fermentes infolge des Auftretens der Fettsäuren ins Saure umschlägt. Die für die vorliegenden Zwecke einfachste Methode ist die folgende: Etwa 5 ccm Monobutyrin + einige Tropfen 1%ige Rosolsäure werden durch Umschütteln gut gemischt. Dann wird soviel 1/10 n-Natronlauge zugesetzt, bis sich das Gemisch deutlich rot färbt und auch beim Umschütteln keine Gelbfärbung mehr eintritt. Hierauf wird die auf Lipase zu prüfende Flüssigkeit (bzw. Gewebsbrei) zugegeben, gut gemischt und das Ganze einige Zeit stehen gelassen. Man vergesse nicht, dann und wann wieder umzuschütteln. Enthält die Substanz Lipase, so tritt nach einiger Zeit eine Umfärbung des Gemisches in Gelb ein. Eventuell ist als Nebenversuch der betreffende Gewebssaft nur zu einer Lösung von Rosolsäure+NaOH zuzusetzen unter Fortlassen des Monobutyrin, um zu zeigen, daß nicht das p_H des Saftes den Farbumschlag bewirkt.

Literatur: JORDAN, H. J.: Vergleichend-physiologisches Praktikum und allgemeine vergleichende Physiologie der Tiere, 1929.

Lipasen lassen sich leicht nachweisen: 1. Im Darmtractus des Regenwurms (Technik s. S. 112). Der Farbumschlag des Fettgemisches tritt schon relativ kurze Zeit nach dem Zusatz des Gewebspreßsaftes ein. 2. Im Magensaft und in den Mitteldarmdrüsen von *Potamobius* und *Carcinus* und *Asterias* sowie in der Mitteldarmdrüse von *Helix*.

Die H-Ionenkonzentration im Verdauungstraktus.

Die Verdauungsfermente haben zu ihrer Reaktion ein bestimmtes p_H-Optimum; dieses wird daher im Intestinaltrakt der Tiere möglichst aufrecht erhalten. Der Magensaft der meisten Tiere reagiert z. B. fast stets mehr oder weniger sauer.

Die Bestimmung des p_H führen wir mittels Farbindicatoren durch.

Für die weiter unten angeführten Versuche werden folgende Indicatoren benötigt:

Indicator	Gebiet	Farbe nach		Ungefährer Umschlagspunkt
		alkalisch	sauer	
Bromphenolblau	3,0—4,6	violett	gelb	4,1
Methylrot	4,2—6,3	gelb	rot	5,1
Bromkresolgrün	3,8—5,4	blau	gelb	4,5
Bromkresolpurpur	5,2—6,8	violett	gelb	6,3
Bromthymolblau	6,0—7,6	blau	gelb	7,0
Neutralrot	6,5—8,0	gelbrot	dunkelrot	7,2
Kresolrot	7,2—8,8	purpur	gelb	8,3

Die Indicatoren werden in pulverisierter Form bezogen und dann geringprozentige (0,1—1%) wässerige bzw. alkoholische Lösungen hergestellt.

1. Der Darm von *Tenebrio*-Larven. 10—15 *Tenebrio*-Larven läßt man 1—2 Tage hungern, indem man sie aus den Zuchtbehältern in eine

saubere, leere Petrischale umsetzt und dort 1—2 Tage hält. Der Versuch kann dann beginnen. Man setzt je 2—3 Mehlwürmer in ein mit einem Korken verschließbares Färbegläschen, das zur Hälfte mit einer Mischung von Mehl und pulverisiertem Indicator gefüllt ist. Das Mischen erfolgt derart, daß man Mehl und Indicator gut durcheinanderschüttelt. Hergestellt werden 5 verschiedene Gemische, deren jedes dann in ein Färbegläschen für sich gefüllt wird. Es werden gemischt: Mehl und Bromphenolblau, Mehl und Methylrot, Mehl und Bromkresolpurpur, Mehl und Neutralrot und endlich Mehl und Kresolrot. Das richtige Mischverhältnis erkennt man an der Farbe; das Mehl-Bromphenolblaugemisch muß ganz leicht blau, das Mehl-Methylrotgemisch ganz leicht rosa, das Mehl-Bromkresolpurpurgemisch isabellkremefarben, das Mehl-Neutralrotgemisch deutlich himbeerrosa, das Mehl-Kresolrotgemisch intensiv gelb (braungelb) gefärbt sein. In jedes der 5 Färbegläschen kommen nun 2—3 Mehlwürmer und werden dort etwa 4 Stunden belassen. Nach Ablauf dieser Frist werden die Larven herausgesucht, dekapitiert, der Darm mit der Pinzette ergriffen, herausgezogen, auf dem Objektträger ausgelegt und die Farbe des Darminaltes unter dem Binokular betrachtet. Die Ergebnisse sind nicht immer ganz einheitlich, jedoch kann das p_H des Darminhaltes nach seiner Farbe unter Berücksichtigung der Bereiche und Umschlagspunkte der einzelnen Indicatoren annähernd bestimmt werden. In einigen Fällen gelingt es auch, ein verschiedenes p_H in verschiedenen Darmabschnitten festzustellen.

2. Der Magensaft von *Carcinus* oder *Astacus*. Die Freilegung des Magens geschieht, wie auf S. 112 geschildert. Man vermeide Verletzungen des Magens während der Entfernung des Rückenpanzers. Der Oesophagus wird mit einer Pinzette ergriffen, fest angefaßt und mundwärts von der Griffstelle durchschnitten. Der Magen kann jetzt mittels Hochheben der Pinzette angehoben werden und löst sich auch meist sofort vom Mitteldarm ab. Der Magen, der oft prall mit braunem Magensaft gefüllt ist, wird in ein Schälchen getan, angeschnitten und der Magensaft heraustropfen gelassen. Man verteile den so gewonnenen Magensaft auf 2 Salznäpfchen und setze dem einen mittels eines Glasstabes oder einer Tropfflasche 2—3 Tropfen einer Bromkresolpurpur-, dem anderen die gleiche Menge einer Bromthymolblaulösung zu. Die Bromkresolpurpurlösung bleibt purpurfarben, die Bromthymolblaulösung schlägt von Blau in gelb um. Das p_H des Magensaftes liegt also über 6,3, aber unter 7,0.

3. Der Kropfsaft von *Helix*. Betreffs Gewinnung des Kropfsaftes wird auf S. 108 verwiesen. Für die Versuche darf jedoch nur Saft verwendet werden, der vorher nicht mit anderen Geweben in Berührung gekommen ist, nur solcher also, der direkt aus dem Kropfe tropfend aufgefangen wurde. Der Saft wird wieder auf 2 saubere Salznäpfchen verteilt und dem einen 2 Tropfen Bromkresolgrün, dem anderen die gleiche Menge Methlyrotlösung zugefügt. Die Methylrotlösung schlägt in rot um, die Bromkresolgrünlösung bleibt blau; der Saft hat also ein p_H, das zwischen 4,5 und 5,1 liegt, ist also sehr stark sauer.

4. Der Magensaft von *Asterias*. Einem großen Seestern werden die Arme dorsal umgebogen und mit ihren Rückenflächen aneinander, in ihrem Basalteil an den Rücken der Mittelscheibe gepreßt. Es gelingt

hierdurch meist gut, den Magen fast vollkommen aus der Mundöffnung hervortreten zu lassen. Er kann dann an seinem dorsalen Teil mit der Pinzette fest gepackt und herausgerissen werden. Nach Aufschneiden des Magens läßt man den Magensaft in ein Schälchen abtropfen und verteilt den Saft wieder auf 2 Salznäpfchen. Sollte der Magen keinen oder nur wenig Saft enthalten, so kann man die Indicatorlösung zur Not auch auf die Mageninnenwand tropfen. Das Auftropfen der Indicatorenlösungen (Bromkresolpurpur bzw. Bromthymolblau) geschieht wie in den vorigen Versuchen. Die Bromthymolblaulösung schlägt in gelb um, die Bromkresolpurpurlösung bleibt violett bzw. purpurn. Das p_H des Magensaftes liegt also, wie das bei *Carcinus* oder *Astacus*, zwischen 7,0 und 6,3.

5. Der Magen- und Darmsaft eines Fisches. (Die hier angegebenen Werte wurden bei *Gadus morrhua* gefunden.) Ein Fisch wird durch Medullarschnitt getötet und mit der starken Schere vom After oralwärts ventral aufgeschnitten. Klappt man die Muskulatur rechts und links des Schnittes zurück, so sind Magen und Darm neben den anderen Eingeweiden ohne weiteres erkennbar. Oesophagus und Dünndarm werden dicht am Magen mit einem feinen Bindfaden abgebunden und der Magen herausgeschnitten, mit einem Scherenschnitt geöffnet, der Mageninhalt herausgeschabt und in 2 Salznäpfchen verteilt. Das Gleiche geschieht mit dem *Enddarm*, der nach der Entfernung aus dem Körper der Länge nach aufgeschnitten wird, und seinem Inhalt. Bromkresolpurpurlösung verändert sich bei Zusatz zum Darminhalt nicht, bleibt also violett, schlägt aber bei Zusatz zum Mageninhalt von violett in gelb um. Der Darminhalt ist also alkalischer, der Mageninhalt saurer als 6,3. Bromthymolblaulösung, dem Darminhalt zugesetzt, nimmt eine gelbgrüne Farbe an, womit ein p_H von etwa 7,0 (Umschlagepunkt) angezeigt wird; Methylrotlösung, dem Mageninhalt zugesetzt, bleibt rot. Das p_H des Mageninhalts ist mithin zwischen 5,1 und 6,3 zu suchen.

Die Leber der Wirbeltiere als Speicherorgan.

Die Leber der höheren Wirbeltiere speichert Glykogen, die vieler Fische Fett.

1. Die Leber von *Gadus morrhua* als Fettspeicher. Ein Dorsch wird durch Medullarschnitt getötet, vom After oralwärts ventral aufgeschnitten und die Leber herauspräpariert. Die Leber wird gewogen und mit 1—2 Teelöffel Seesand im Porzellanmörser ganz fein zerrieben und darauf die gleiche Gewichtsmenge physiologische NaCl-Lösung zugesetzt und das Ganze gut durchgerührt. Die Mischung wird dann in Zentrifugengläser gefüllt und 10 Min. lang mit etwa 3000 Touren zentrifugiert. Nach Beendigung des Zentrifugierens steht das Fett als ein unter Umständen mehrere Zentimeter hoher Ring über dem übrigen Inhalt des Zentrifugenglases. Es wird mit einem Hornlöffel abgeschöpft und in ein Reagensglas gefüllt.

Man überzeuge sich, daß die Leber anderer Wirbeltiere kein Fett oder nur äußerst geringe Mengen davon enthält: Genau der gleiche Vorgang wird z. B. mit Meerschweinchen- oder Hühner- oder sonstiger Vogel- oder Säugerleber wiederholt. Es findet sich überhaupt kein Fettring oder nur ein minimaler.

Zum Nachweis, daß es sich bei dem aus der Dorschleber gewonnenen Substrat tatsächlich um Fett handelt, füllt man etwas von dem Substrat (etwa 1—2 Finger breit hoch) in ein anderes Reagensglas und überschichtet 2 Finger breit hoch mit absolutem Alkohol; dieser bleibt klar, da Fett sich in kaltem Alkohol nicht löst. Erwärmt man jedoch vorsichtig über der Bunsenflamme, so wird die Lösung gelblich, da sich das Fett in warmem Alkohol löst. Beim Abkühlen wird die Lösung trübe, da das Fett wieder ausfällt. Trägt man einige Tropfen der alkoholischen Fettlösung mittels einer Pipette in destilliertes Wasser über, so entsteht eine dichte weißliche Trübung, da Fett in Wasser oder verdünntem Alkohol unlöslich ist. Entsprechende Versuche werden zum Vergleich mit einem Stückchen reinem bekanntem Fett (Schmalz, Butter oder ähnliches) angestellt; das Ergebnis ist das gleiche.

2. Die Leber der Säuger und Vögel speichert Glykogen und wenig oder gar kein Fett. Zum Nachweis des gespeicherten Glykogens in der Leber wird dem frisch getöteten Tier (Taube, Huhn, Meerschweinchen, Kaninchen, Katze oder ähnliches) die Leber herausgeschnitten und in absolutem Alkohol 24 Stunden fixiert. Glykogen löst sich nicht in absolutem Alkohol, wohl aber in Wasser. Die so fixierte Leber reicht für mehrere Kurse und kann in absolutem Alkohol semesterlang aufbewahrt werden. Zum Glykogennachweis macht man möglichst feine Rasiermesserschnitte durch ein Leberstückchen und legt die Schnitte für einige Minuten in ein Schälchen mit Jodjodkalilösung oder betropft die auf dem Objektträger ausgebreiteten Schnitte mit dieser. Jodjodkalilösung färbt das Glykogen tiefbraun und man erkennt alsbald die typische Glykogenfärbung an den Schnitten. Die fettspeichernde Fischleber speichert Glykogen in nur sehr geringem Maße; ein entsprechender Versuch wird mit Rasiermesserschnitten fixierter Dorschleber angestellt. Die Versuche lassen sich gleichfalls mit positivem Ergebnis mit der Mitteldarmdrüse von *Helix* anstellen.

Phosphornachweis im Leberextrakt von Schnecken.

Leber wird mit ausgeglühtem Sand im Mörser zerrieben und hierauf mit kochendem Wasser übergossen und filtriert. 5 ccm dieses Filtrats werden mit 0,7 ccm des unten näher beschriebenen Reagens versetzt, das sich hierbei entfärbt. Nach Auffüllung mit Wasser auf 50 ccm stellt sich nach kurzer Zeit eine erst grünliche, später blaue Färbung ein.

Das Molybdänblaureagens wird in der folgenden Weise hergestellt: 50 ccm reine konzentrierte H_2SO_4 (D = 1,84) werden bis zum Auftreten weißer Nebel erhitzt; dazu werden 3 g reines gepulvertes MoO_3 gesetzt und etwa 5—10 Min. bis zur Auflösung des MoO_3 gekocht. Nach dem völligen Abkühlen wird in 50 ccm destilliertem Wasser eingegossen (nicht umgekehrt); zu der noch heißen Lösung werden Reduktionsmittel 0,15 g reines pulverförmiges Mo-Metall zugesetzt, worauf noch 3—5 Min. gekocht wird. Die Reaktion wird als beendet angesehen und das Reagens.

als fertig, wenn zur Entfärbung von 0,2 ccm n/1 $KMnO_4$ 2,5 ccm des Reagens verbraucht werden.

Man läßt zum Schluß 10—20 Min. absitzen und gießt die blaue Flüssigkeit von den Mo-Metallresten ab. Sie ist ein Reagens auf P_2O_5 und auf As_2O_5.

Literatur: ZINZADZE, R.: Neue Methoden zur colorimetrischen Bestimmung der Phosphor- und Arsensäure. Z. Pflanzenernährung, Düngung u. Bodenkde **16** (1930).

Excretion.

Nachweis bestimmter Excretstoffe.

a) Harnsäure. Dieser Stoff findet sich als Excret bei sehr verschiedenen Tieren. Zum Nachweis bedient man sich, wenn größere Mengen zur Verfügung stehen, der sogenannten Murexidprobe.

Es wird etwas von dem zu untersuchenden Material in ein Porzellanschälchen gebracht, einige Tropfen Salpetersäuren darauf geträufelt und bis zur Verdampfung erwärmt. Es entsteht ein gelbroter Rückstand, der, mit etwas Ammoniak befeuchtet, eine purpurne Farbe annimmt. Die Reaktion gelingt sehr leicht mit Vogel- oder Reptilienkot.

Stehen nur sehr kleine Excretmengen zur Verfügung, wie dies bei Wirbellosen meist der Fall ist, so verdient die Methode von BENEDICT den Vorzug. Das Material wird in 5% Natriumcyanidlösung aufgelöst bzw. es wird dem zu untersuchenden Wasser, in dem Harnsäure vermutet wird, etwas Na-Cyanid zugesetzt. Hierauf werden einige Tropfen der folgenden Modifikation des FOLINschen Reagens zugegeben:

100 g reines Natriumwolframat in 600 ccm gelöst nach Zusatz von 50 g reiner Arsensäure vermischt mit 25 ccm 85%iger Phosphorsäure und 20 ccm konzentrierter Salzsäure. Diese Mischung wird 20 Min. lang gekocht und auf 1000 ccm aufgefüllt. Zusatz dieses Gemisches zu einer Harnsäurelösung gibt eine intensive Blaufärbung. Abgesehen von den oben genannten Exkrementen gelingt es bei Anwendung dieser äußerst empfindlichen Methode sehr leicht, Harnsäure nachzuweisen:

1. In der Flüssigkeit einer Paramaeciumkultur.

2. In den MALPIGHIschen Gefäßen verschiedener Insekten: *Periplaneta, Dixippus* usw.

3. Im Gespinst mancher Schmetterlinge (Tönchen des Spinners *Bombyx lanestris*. Die Raupe verschmiert beim Spinnen des Cocons die Fäden mit dem breiigen Inhalt ihrer MALPIGHIschen Gefäße).

4. In den Flügelschuppen der Pieriden. Es handelt sich hierbei nicht um Harnsäure, sondern um ein Harnsäurederivat.

Einige Weißlingsflügel werden mit 5%igem Na-Cyanid übergossen und einige Minuten im Reagensrohr geschüttelt, hierauf Zusatz des FOLINschen Reagens.

b) Harnstoff. Auch dieser Excretstoff, der ursprünglich für eine Besonderheit der Wirbeltiere, ja sogar der Säugetiere betrachtet worden ist, findet sich im Tierreich in weiter Verbreitung. Sein qualitativer Nachweis geschieht am einfachsten mit Hilfe der Urease, eines Ferments, welches

Ammoniak aus Harnstoff frei macht. Die Urease ist als fertiges Präparat zu beziehen (GRÜBLER), aber nicht unbegrenzt haltbar. Sie kann auch aus der Sojabohne gewonnen werden. Der frei werdende Ammoniak, wird mit Hilfe des NESSLERschen Reagens nachgewiesen. Im einzelnen wird folgendermaßen verfahren: Einige Kubikzentimeter der zu untersuchenden Flüssigkeit werden in ein Reagensröhrchen gebracht, Zusatz von einigen Tropfen Phosphatgemisch und Urease. Hierauf Zusatz von etwas NESSLERschem Reagens. Resultat: Gelb-Braunfärbung, eventuell Niederschlag.

Mit Hilfe dieser Methode ist es leicht, Harnstoff nachzuweisen:

1. im Harn verschiedener Wirbeltiere: Fische, Amphibien, Säuger, der aus der Harnblase gewonnen wird, ebenso aus dem Harn der Schildkröten;

2. im Wasser ($^1/_2$—1 Liter), in dem einige kleine Fische etwa einen Tag gelebt haben;

3. statt der Fische kann man auch das Außenmedium der folgenden Tiere auf Harnstoff prüfen: Muscheln, Seesterne, Taschenkrebse. Bei den letzten ist die Reaktion meist schwach, bei Seesternen sehr kräftig.

Harnstoffnachweis im Blut verschiedener Tiere.

(Fisch, Muschel Seestern.)

Fischblut gewinnt man am besten aus dem vorsichtig freigelegten Herzen. Beim Seestern verfährt man derart, daß man das mit Filtrierpapier einigermaßen abgetrocknete Tier über eine Glasschale hält mit einem Arm nach unten. Man schneidet in die Armspitze ein wenig ein, das Blut läuft sofort heraus und kann durch leichtes Drücken der anderen Arme fast quantitativ gewonnen werden. Die Muschel *(Anodonta, Unio, Mytilus)* wird eröffnet, indem man mit einem Messer vorsichtig zwischen Schale und Schließmuskeln fährt. Man läßt zuerst das im Mantelraum vorhandene Wasser abtropfen und schneidet dann über einer Schale in den Eingeweidesack bzw. in die Basis des Fußes. Alle Blutsorten werden zweckmäßigerweise zentrifugiert zur Entfernung der zelligen Bestandteile. Eine weitere Vorbehandlung ist bei Muschel- und Seesternblut überflüssig. Es wird genau so verfahren wie mit dem Wasser. Beim Fischblut ist Enteiweißung erforderlich.

Es geschieht durch Versetzen des Blutserums mit der gleichen Menge Uranylacetat (1,6%). Die Flüssigkeit wird jetzt auf das Dreifache mit Aqua dest. verdünnt und filtriert und ist nunmehr der üblichen Behandlung zugänglich.

Nachweis der Harnstoffausscheidung des Fisches durch die Kieme.

Nach neueren Untersuchungen wird ein großer Teil des Harnstoffs beim Fisch nicht durch die Niere, sondern durch die Kieme ausgeschieden. Zum Nachweis benötigt man die folgende Apparatur: Ein rechtwinklig gebogenes Glasrohr von etwa 5—6 cm Durchmesser wird an der einen Seite mit einer derben Gummimembran zugebunden, in die Mitte der Membran ein ovales Loch geschnitten, das so bemessen sein muß, daß der Versuchsfisch mit dem Kopf bis hinter die Kiemenregion durchgesteckt werden kann und der Gummi dem Fischkörper fest anliegt. Das Rohr wird jetzt in ein kleines Aquarium gehängt und innen und außen der gleiche Wasserstand hergestellt. Das im Rohr befindliche Wasser wird in geeigneter Weise durchlüftet. Nach 12—24stündiger Versuchsdauer überzeugt man sich davon, daß die Harnstoffprobe mit Urease und NESSLERs Reagens im U-Rohr positiv ausfällt.

Nachweis der Excretionsorgane durch Injektion von Vitalfarbstoffen. Die Excretionsorgane scheiden nicht nur die typischen, im Körper selbst gebildeten Excrete aus, sondern auch alle anderen Stoffe, die zufälligerweise durch die Nahrung oder sonstwie in den Körperkreislauf unnötigerweise geraten. Diese Fähigkeit kann man, in dem man farbige Stoffe zur Excretion bringt, benutzen, um die Excretionsorgane als solche sichtbar zu machen.

Das beste Beispiel liefern die MALPIGHIschen Gefäße der Insekten. Man injiziert einer Anzahl von Küchenschaben oder Stabheuschrecken eine nicht zu kleine Menge von Indigocarmin gelöst in physiologischer Kochsalzlösung, in die Leibeshöhle. Das Insekt wird 1—2 Stunden nach der Injektion mit Äther betäubt, aufgeschnitten und der Darm herausgenommen. Es zeigt sich bei Betrachtung im Mikroskop, daß eine große Anzahl der MALPIGHIschen Gefäße blau gefärbt sind, andere hingegen sind farblos. (Worauf dieser Unterschied beruht, ist u. W. nicht bekannt.)

Sachverzeichnis.

Aal, Automatie der Iris 19.
— Herz 76.
Acetylcholin, Wirkung auf den Muskel 102.
Admiral s. Pyrameis 37.
Aeschnalarve, Antennenfunktion 61.
— Bewegungssehen 13.
— binokularer Sehraum 14.
— Oberschlundganglion 59.
— optomotorische Reaktionen 11.
— tonische Lichtwirkung 61.
— Unterschlundganglion 59.
Akkommodation des Schildkrötenauges 18.
Aktinien, Nahrungsaufnahme 106.
Alles-oder-Nichts-Gesetz, am Muskel 99.
Ameisenlöwe s. Myrmeleo.
Amylase 108.
Anneliden, Blutkreislauf 73.
— Nervenphysiologie 42—48.
Anodonta, autonome Bewegungen von Fuß, Mantel und Velum 49.
— Blutgewinnung 74.
— Flimmerbewegung im Darm 91.
— Flimmerströme 106.
— Krystallstielfermente 109.
— Schalenöffnungsreflex 49.
— Schalenschließreflex 49.
— Wasserhaushalt 64.
Anpassung an den Untergrund 86.
Antagonismus der Muskeln bei Nereis 48.
— — beim Regenwurm 43.
— — in der Ringelnatteriris 101.
Antennenfunktion, Aeschnalarve 61.
Anthura, Geotaxis 26.
Apis s. Biene.
Arenicola, Bewegungsphysiologie 48.
— Geotaxis 25.
— Peristaltik 47.
— Urease 120.
— Wasserhaushalt 63.
Arion, Kopfstellreflex 29.
Asellus, Lichtrückenreflex 8.
Astacus, BIEDERMANNsches Phänomen 60.
— Gleichgewichtsreflexe 29.
— Magensaft, Fermente 115.
— Muskelquerstreifung 92.
— Scherengelenkhäute 60.
— Scherenmuskel 94.
— Thigmotaxis und Statoreflexe 22.
— Wasserhaushalt 64.

Asterias, Befreiungsreaktion 52.
— Blutgewinnung 119.
— Kriechbewegung 52.
— Leberschläuche, Fermente 109.
— Nervenphysiologie 52.
— Umdrehreflex 21.
— Wasserhaushalt 63.
Asymmetrische Gleichgewichtsorgane (Pecten) 30.
Atemgröße, Dytiscuslarve 84.
Atemregulation der Insekten 82.
— des peripheren Tracheensystems 83.
Atmung 77.
— und Sauerstoffdruck 78.
— und Temperatur 78.
Augenreflexe, statische 27.
Aurelia, chemischer Sinn der Mundarme 35.
— Gleichgewichtsreflexe 40.
— Nervenphysiologie 38 f.
— Randorgane 39.
— Schlagfrequenz 38.
Ausatmungsluft, Mensch 82.
Automatie, der Frosch- und Aaliris 19.
Autonome Bewegungen, Fuß, Mantel und Velum der Muscheln 49.

Balanus, Schattenreflex 2.
BARCROFT-Apparat 67.
Bauchmark, Carcinus 59.
— Hirudo 42.
Befreiungsreaktion von Asterias 53.
Beißreflex der Pedicellarien 54.
Bewegungsphysiologie von Arenicola 47.
— von Asterias 52.
— von Dixippus 58.
— von Dytiscus 57.
— von Helix 50.
— Hirudo 40.
— von Limax 50.
— von Littorina 50.
— von Nereis 48.
— der Ophiuroideen 55.
— von Phalangium 58.
— von Planarien 40.
— vom Regenwurm 42 f.
— der Seeigel 53.
Bewegungssehen von Aeschna 13.
— von Eupagurus 13.
— von Libellula 13.
BIEDERMANNsches Phänomen, Astacus, Carcinus, Eriocheir 60.

Biene, Farbensinn 60.
— Geruchssinn 37.
Binokularer Sehraum, Aeschnalarve,
    Dixippus 14.
Blattwespen, Bestimmung der Lauf-
    richtung durch Untergrundstruktur
    15.
Blut 65.
— Sättigung bei verschiedenem O_2-
    Druck 68.
— Sauerstoffkapazität 67.
Blutgerinnung 70.
Blutgerinnungsferment im Leberextrakt
    71.
Blutkörperchenzählung 65.
Blutkreislauf 73f.
Blutzucker, quantitative Bestimmung
    69.
Bogengangsreflexe, Frosch 32.
Bohrbewegung, Arenicola 48.
Bombyx lanestris, Harnsäure im Ge-
    spinst 118.

Calliphora, Geschmackssinn 37.
— Halterenfunktion 20.
Carabus, Oberschlundganglion 58.
— Unterschlundganglion 59.
Carassius, Retina 17.
Carbohydrasen 107.
Carcinus, BIEDERMANNsches Phänomen
    60.
— Gehirn- und Bauchmarkimpulse 59.
— Magensaft, Fermente 115.
— Mitteldarmdrüse, Fermente 113.
— Muskelquerstreifung 92.
— optomotorische Reaktionen 11.
— Scherenmuskel 92.
— statische Augenreflexe 27.
— Wasserhaushalt 64.
Cavia s. Meerschweinchen.
Cellulasen 110.
Chemischer Sinn 35f.
Chromatophoren 87.
Chrysomela, Lichtkompaßbewegung 9.
Cilienbewegung s. Flimmerbewegung.
Ciona, Herz, Blutkreislauf 75.
Clavellina, Flimmerbewegung 92.
— Herz, Schlagumkehr 75.
— Nahrungsaufnahme 106.
Colorimeter nach CRECELIUS-SEIFERT
    69.
Contractile Vakuole s. Vakuole.
Crangon, Anpassung an den Untergrund
    87.
— chemischer Sinn 36.
— Farbwechselhormone 88.
— Gleichgewichtsreflexe 29.
— Lichtrückenreflex 8.
— Verhalten der Chromorhizen 87.
Culexlarven, Schattenreflex 1.

Cultellus, Blutkreislauf, Herz 74.
Curculioniden, Lichtkompaßbewegung 9.

Daphnia, Blutkreislauf, Herz 75.
— Farbensinn 15.
— Lichtrückenreflex 8.
— Nahrungsaufnahme 105.
— Phototaxis 6.
— Zweilichterversuch 7.
Darmsaft, Mehlwürmer 114.
— Raupen 110.
Dendrocoelum, chemischer Sinn 36.
Dixippus, binokularer Sehraum, Pseudo-
    pupille 14.
— Fallreflexe 22.
— Harnsäurenachweis 118.
— Kropfsaft, Fermente 110.
— Oberschlundganglion 58.
— Schreitrhythmus 56.
— Speicheldrüse, Fermente 108.
— Unterschlundganglion 59.
— Wasserverdunstung 62.
— Zweilichterversuch 7.
Dunkeladaptation, Balanus 3.
— Mya 3.
Dytiscus, Plastizität des Nervensystems
    57.
Dytiscuslarve, Atemgröße 84.
— extraintestinale Verdauung 107.
— Lichtrückenreflex 8.

Eidechse, optomotorische Reaktionen
    11.
Ephemeridenlarven, Lichtrückenreflex
    8.
Eriocheir, Muskelquerstreifung 92.
— Scherenmuskel 92.
— statische Augenreflexe 27.
— Wasserhaushalt 64.
Eristalis, Formensinn 14.
Eupagurus, Bewegungssehen 13.
Extraintestinale Verdauung, Dytiscus-
    larve, Carabus, Myrmeleo 106.

Falter, optomotorische Reaktionen 11.
Fallreflexe, Dixippus, Phalangium 22.
Farbensinn von der Biene 16.
— von Daphnia 15.
— der Fische 17.
Farbwechsel 86.
Farbwechselhormone, Crangon 88.
— Frosch 89.
FEHLINGsche Probe 108.
Fermente der Verdauung 107f.
Fische, Anpassung an den Untergrund
    86.
— Farbensinn 17.
— Gleichgewichtsreflexe 31.

Fische, Harnstoffausscheidung durch die Kieme 119.
— Herz 76.
— optomotorische Reaktionen 11.
— p_H im Magen und Darm 115.
— Phosphorsäurebildung in der Retina 17.
— retinomotorische Erscheinungen 18.
— Schwimmblase 86.
— Sehpurpurausbleichung 17.
— Wasserhaushalt 62.
Flesus, Anpassung an den Untergrund 86.
Fliegen, Geschmackssinn 37.
— optomotorische Reaktionen 11.
Flimmerbewegung, Abhängigkeit vom Nervensystem 92.
— bei Clavellina 92.
— im Darm von Anodonta und Unio 91.
— bei Opalina 91.
— bei Paramaecium 91.
— bei Planorbis 91.
— auf der Rachenschleimhaut des Frosches 89.
— bei Stentor 92.
Florfliegen, Bestimmung der Laufrichtung durch den Untergrund 15.
Flügelschuppen, Harnsäuregehalt 118.
Flußkrebs s. Astacus.
FOLINsches Reagens 118.
Formensinn, Eristalis 14.
Freier Fall, Katze 32.
FRIEDLÄNDERscher Versuch am Regenwurm 43.
Frosch, Automatie der Iris 19.
— Bogengangsreflexe 32.
— Farbwechsel und Hypophysenexstirpation 88.
— Flimmerbewegung auf der Rachenschleimhaut 89.
— Gehörsinn 24.
— Hautatmung 79.
— Herz 76.
— Lunge, Blutkreislauf 76.
— Phosphorsäurebildung in der Retina 17.
— Präparation des Gastrocnemius 94.
— Sehpurpurbleichung 17.
— Temperatursinn 34.
— Wasserhaushalt 65.
Fuß der Muscheln, autonome Bewegung 49.
Fußretractoren von Anodonta, Mytilus, Unio, Präparation 95.

Gadus, Retina 17.
Galle des Karpfens 110.
Garneelen, optomotorische Reaktionen 11.
Gaspipette 81.

Gastrocnemius des Frosches, Präparation 94.
Gaswechselbestimmung 79.
Gedächtnis bei der Lichtkompaßbewegung 10.
Gefrierpunktserniedrigung 64.
Gehirn von Carcinus 59.
Gehörsinn vom Frosch 24.
Gelenkhäute der Krebsschere 60.
Geotaxis 25.
Geotrupes, Lichtkompaßbewegung 9.
Glatte Muskeln, Kontraktion 99.
Gleichgewichtsreflexe 29f.
— bei Aurelia 40.
Glykogennachweis in der Leber 117.
Gobius, Anpassung an den Untergrund 86.

Häminkrystalle 66.
Hämoglobingehalt 66.
Hämoglobinkrystalle, Meerschweinchen 67.
Hämometer 66.
Halteren, Funktion 20.
Harnstoff 118.
Harnstoffausscheidung durch die Fischkieme 119.
Harnsäure bei Bombyx lanestris 118.
— bei Dixippus 118.
— in den Flügelschuppen der Pieriden 118.
— Nachweis 118.
— bei Paramaecium 118.
— bei Periplaneta 118.
Hautatmung beim Aal 85.
— Bestimmung 85.
— beim Frosch 85.
Hautlichtsinn, Balanus, Mya, Regenwurm 1f.
Helix hortensis, statische Augenreflexe 28.
Helix pomatia, Blutkreislauf, Herz 74.
— chemischer Sinn 37.
— Kriechbewegung 50.
— Kropfart, Fermente 115.
— Mitteldarmdrüse, Fermente 113.
— negative Geotaxis 25.
— Schattenreflex 1.
— Temperatursinn 24.
— viscosoider Tonus des Fußes 103.
Herz von Ciona 75.
— von Clavellina 75.
— von Cultellus 74.
— von Dahpnia 75.
— der Fische 76.
— vom Frosch 76.
— von Helix 74.
— der Insekten 76.
— von Lagis koreni 73.
— von Lumbriculus 73.

Herz, Mytilus 74.
— von Nereis 73.
— von Tubifex 73.
Hirudo, Geschmackssinn 36.
— Nerven- und Bewegungsphysiologie 40.
— Temperatursinn 32.
Homotrophischer Reflex, Julus 23.
Hormone des Farbwechsels bei Crangon 88.
— — beim Frosch 89.
Hubhöhe des Muskels 97.
Huhn, Blutgerinnung 70f.
Hydra, chemischer Sinn 35.
— Nahrungsaufnahme 106.
Hypophysenexstirpation beim Frosch 89.

Idothea, Anpassung an den Untergrund 87.
Idus, Retina 17.
Insekten, Atemregulation 82.
— Bestimmung der Schlagfrequenz der Flügel 98.
— Herz 75.
— Zusammensetzung der Tracheenluft 82.
Invertase 110.
Iris, Automatie, bei Aal und Frosch 19.
— der Ringelnatter, Muskelantagonismus 101.

Jodnachweis auf Glykogen 117.
— auf Stärke 108.
Julus, homotrophischer Reflex 23.

Karpfen, Galle 110.
Katze, freier Fall 32.
Körperstellreflexe s. Gleichgewichtsreflexe.
Kontraktion und Struktur der Muskeln 92f.
Koordination der Saugfüßchen bei Asterias 53.
Kopfstellreflexe 31.
KREIDLscher Versuch 30.
Kriechbewegung bei Helix 50.
— bei Limax 50.
— bei Littorina 50.
KROGHsches Manometer 77.
Kropfsaft von Blatta 109.
— von Dixippus 109.
— von Helix 109.
Kryoskop 64.
Krystallstiel der Muscheln 109.

Lagis koreni, Blutkreislauf, Herz 73.
Lampyris, Strahlengang im Auge 19.

Latenzzeit, Abhängigkeit von der Dunkeladaptation, Mya 1.
— — von der Reizstärke, Froschpupille 5.
— Froschpupille 5.
— Lichtreflex von Mya 1.
Laufrichtung, Bestimmung durch den Untergrund 15.
Leber, Fettspeicherung 116.
— Glykogenspeicherung 117.
Leberextrakt, Herstellung 71.
Leberschläuche von Asterias, Fermente 109.
Leitungsgeschwindigkeit im Bauchmark vom Regenwurm 45.
Leuchtkäfer s. Lampyris.
Libellula, Bewegungssehen 13.
Lichtkompaßbewegung 9.
Lichtrückenreflex 8.
Lichtsinn 1—19.
Lichtwirkung, tonische, Aeschnalarve 1f.
Limax, Kopfstellreflexe 29.
— Kriechbewegung 50.
Limnaea, Schattenreflex 1.
Lipasen, Nachweis, Vorkommen 113.
Littorina, Kriechbewegung 50.
Lokomotionsphysiologie s. Bewegungsphysiologie.
Loligo, Chromatophorenmuskeln 99.
Lumbriculus, Blutkreislauf 73.
Lumbricus s. Regenwurm.
Lunge vom Frosch, Blutkreislauf 76.
Lycosa, chemischer Sinn 35.

Magensaft, Fermente bei Astacus 112.
— — bei Carcinus 112.
MALPIGHIsche Gefäße, Harnsäurenachweis 118.
Mantel der Muscheln, autonome Bewegungen 49.
Mechanischer Sinn 20.
Meconema, Windreflex 23.
Meerschweinchen, Hämoglobinkrystalle 67.
Mehlwürmer, Fermente im Darmsaft 109.
— p_H im Darmsaft 114.
Mistkäfer s. Geotrupes.
Mitteldarmdrüse, Verdauungsfermente 113.
Murexidprobe 117.
Musca, Zusammenhang von Schwirren und Tarsenberührung 21.
Muskel, Alles-oder-Nichts-Gesetz 99.
— Antagonismus 101.
— Bestimmung der Schlagfrequenz bei Insektenflügeln 98.
— Hubhöhe 97.
— Kontraktion 92.

Muskel, Strukturelemente und Kontraktion 94.
— Telegraph 97.
— tonische und nichttonische 101.
— Wärmeproduktion 100.
— Wirkung von Öffnungs- und Schliessungsschlägen 97.
— Zuckungszeit 96.
Mya, Dunkeladaptation 1.
— Hautlichtsinn 1.
— Krystallstiel, Fermente 109.
Mysis, Statoreflexe 30.
Mytilus, autonome Bewegungen von Fuß, Mantel und Velum 49.
— Blutgewinnung 119.
— Blutkreislauf und Herz 74.
— Flimmerströme 91.
— Präparation der Fußretractoren 95.
— Schalenöffnungsreflex 49.
— Schalenschließreflex 49.
— Schattenreflex 1.
— Wasserhaushalt 63.

Nahrungsaufnahme der Aktinien 106.
— bei Anodonta 105.
— bei Clavellina 106.
— bei Daphnia 105.
— bei der Dytiscuslarve 107.
— bei Hydra 106.
— bei Mytilus 105.
— bei Paramaecium 105.
Nepa, negative Geotaxis 25.
Nereis, Bewegungsphysiologie 48.
— Blutkreislauf 73.
Nervenphysiologie, Arenicola 47.
— Asterias 52.
— Aurelia 38.
— Carabus 58.
— Dixippus 58.
— Dytiscus 57.
— Helix 50.
— Hirudo 40.
— Limax 50.
— Littorina 50.
— Muscheln 49.
— Nereis 48.
— Ophiuroideen 55.
— Phalangium 58.
— Planarien 40.
— Regenwurm 42.
— Seeigel 53.
NESSLERsches Reagens 118.
Netzhautbild, Demonstration des 78.

O_2 s. Sauerstoff.
Oberschlundganglion, Aeschnalarve 58.
— Carabus 58.
— Dixippus 58.
— Hirudo 40.

Oberschlundganglion, Regenwurm 44.
Öffnungsschlag 97.
Ölkugeln in der Sauropsidenretina 18.
Opalina, Flimmerbewegung 91.
Ophiuroideen, Bewegungsphysiologie 55.
Optomotorische Reaktionen 11.
Osmose s. Wasserhaushalt.
Otoplana, Geotaxis 26.

Palaemon, Anpassung an den Untergrund 86.
— Gleichgewichtsreflexe 29.
— Lichtrückenreflex 8.
Palaemonetes, Anpassung an den Untergrund 86.
— Gleichgewichtsreflexe 29.
Pankreas, Amylasegehalt 110.
Paramaecium, Flimmerbewegung 92.
— Geotaxis 26.
— Harnsäurenachweis 118.
— Nahrungsaufnahme 105.
— p_H, in den Nahrungsvakuolen 112.
— Proteasenachweis 112.
— Thigmotaxis 22.
— Vakuole 63.
— Wasserhaushalt 63.
Partielle Belichtung, Regenwurm 4.
— Beschattung, Balanus 3.
Pecten, asymmetrische Gleichgewichtsorgane 30.
— Schwimm- und Tonusmuskel 104.
Pelomyxa, Cellulase 111.
Periplaneta s. Blatta.
Peristaltische Bewegung, Arenicola 47.
— — Regenwurm 43.
p_H im Verdauungstraktus 114.
— — von Astacus 115.
— — von Carcinus 115.
— — von Fischen 115.
— — von Helix 115.
— — von Tenebrio-Larven 114.
Phalangium, Bewegung 58.
— Fallreflexe 22.
— Lichtkompaßbewegung 9.
Phobische Reaktionen, Stentor 4.
Phosphornachweis in der Schneckenleber 117.
Phosphorsäure in der Retina 17.
Phototaxis 6.
Pieris, Harnsäurenachweis in den Flügelschuppen 118.
Pigmentfarben, subjektive Helligkeit 12.
Pigmentwanderung in der Retina 18.
Planarien, Bewegungsphysiologie 40.
— chemischer Sinn 36.
Planorbis, Flimmerbewegung 91.
— Hämoglobingehalt 66.
— Häminkrystalle 66.
Plastischer Muskeltonus 103.
Plastizität des Nervensystems 57.

Platessa, Anpassung an den Untergrund 86.
Pleuronectiden, Anpassung an den Untergrund 87.
Porcellio, Lichtkompaßbewegung 9.
Potamobius s. Astacus.
Proteasen 111.
Pseudopupille 14.
Pupille, Frosch und Aal 5.
Pyrameis, Geschmackssinn 37.

Quergestreifte Muskeln, Kontraktion 94.
Querstreifung des Muskels 93.
Quotient, respiratorischer 79.

Rachenschleimhaut des Frosches, Flimmerbewegung 89.
Rana s. Frosch.
Raupen, Darmsaft, Fermente 109.
— Umdrehreflex 21.
Regenwurm, Bewegungsphysiologie 42f.
— Häminkrystalle 66.
— Leitungsgeschwindigkeit im Bauchmark 45.
— Lichtsinn 4.
— peristaltische Wellen 43.
— Protease im Darmsaft 112.
— Verdauungsfermente 109, 112.
— Wasserhaushalt 64.
— Zuckreflex 46.
Reizgewöhnung, Balanus, Schattenreflex 3.
Reizsummation, Balanus, Schattenreflex 3.
Reizwirkung, Abhängigkeit von der Reizstärke 3—5.
— Balanus 3.
— Pupille 5.
Respiratorischer Quotient 79.
Retina, Bild auf der 18.
— Ölkugeln in der 18.
Retinomotorische Erscheinungen 18.

Saccharose 110.
SAHLIsches Hämometer 66.
Sarcophaga, Halterenfunktion 20.
Sauerstoffaufnahme, Messung 78.
Sauerstoffdruck und Atmung 78.
Sauerstoffkapazität verschiedener Blutsorten 67.
· Sauerstoffsättigung des Blutes bei versch. O_2-Drucken 68.
— — — p_H 69.
Sauerstoffverbrauch, Messung nach WINKLER 85.
Sauger 107.
Saugfüßchen von Asterias 53.
Schalenöffnungsreflex der Muscheln 49.

Schalenschließreflex der Muscheln 49.
Schattenreflex 1.
Schere der Krebse 60.
Scherenmuskel, Astacus, Carcinus, Eriocheir 92.
Schildkröte, Akkommodation 18.
— Ölkugeln in der Retina 18.
Schlagfrequenz der Insektenflügelmuskeln 98.
Schlangensterne s. Ophiuroideen.
Schließungsschlag 97.
Schlinger 106.
Schmetterlinge, Geschmackssinn 37.
Schnecken, Phosphorsäurenachweis in der Leber 117.
Schreitrhythmus von Dixippus 56.
Schußkymograph 98.
Schwimmblase der Fische 86.
Schwimmuskeln von Pecten 104.
Seeigel, Beißreflex der Pedicellarien 54.
— Gang 54.
— Reflexe der Füßchen 54.
— Stachelreflex 53.
— Umkehrbewegung 54.
Seestern s. Asterias.
Seestichling s. Spinachia.
Sehpurpur, Ausbleichung 17.
Skototaxis 8.
Speicheldrüsenfermente, Blatta 108.
— Dixippus 108.
— Helix 108.
— Mensch 109.
Spiegelgalvanometer 100.
Spinachia, Anpassung an den Untergrund 86.
Spinnen, chemischer Sinn 35.
Stabheuschrecke s. Dixippus.
Stachelreflex, Seeigel 53.
Stäbchenwanderung in der Retina 18.
STANNIUSsche Ligaturen, Fische 76.
— Frosch 76.
Statoreflexe 25.
Stentor, Flimmerbewegung 92.
— PHOBIsche Reaktionen 4.
Strahlengang im Auge von Lampyris 19.
Strudler 105.
Strukturelemente des Muskels 92.
Summation der Reize, Balanus, Schattenreflex 3.
Superpositionsauge von Lampyris 19.
Stubenfliege, Bewegungssehen 13.

Tarsenberührung und Schwirren, bei Musca 21.
Tegenaria, chemischer Sinn 35.
Temperatur und Atmung 78.
Temperaturorgel 34.
Temperatursinn 23.
Tenebrio s. Mehlwürmer.
Thigmotaxis, Astacus 22.

Thigmotaxis, Paramaecium 22.
Thoma-Zeissscher Blutkörperchenzähl-
apparat 65.
Tipula, Halterenfunktion 20.
Tonische Lichtwirkung, Aeschnalarve
61.
— und nichttonische Muskeln 101.
Tonometer 67.
Tonus, viscosoider oder plastischer 103.
Tonusmuskel von Pecten 104.
Tracheenluft, Zusammensetzung 82.
Tricladen, Umdrehreflex 21.
Tubifex, Blutkreislauf, Herz 73.

Umdrehreflex, Asterias, Raupen,
Tricladen 21.
Umkehr des Herzschlags. bei Ciona,
Clavellina, Insekten 75.
Umkehrbarkeit des Cilienschlags, Para-
maecium, Stentor 92.
Umkehrbewegung, Seeigel 54.
Unio, autonome Bewegung von Fuß,
Mantel und Velum 49.
— Blutgewinnung 119.
— Flimmerbewegung im Darm 91.
— Flimmerströme 91.
— Krystallstiel, Fermente 109.
— Präparation der Fußretractoren 96.
— Schalenöffnungsreflex 49.
— Schalenschließreflex 49.
Untergrund, Anpassung an den 86.
— Einfluß auf die Laufrichtung, Blatt-
wespen, Florfliegen 15.
Unterschlundganglion, Aeschnalarve 59.

Unterschlundganglion, Carabus 59.
— Dixippus 59.
— Hirudo 41.
— Regenwurm 44.
Urease 120.
Uronychia, Wasserhaushalt 63.
Utrechter Gaspipette 81.

Vakuole, kontraktile, Paramaecium 63.
Velum der Muscheln, autonome Bewe-
gung 49.
Verdauungsfermente 107f.
Viscosoider Tonus 103.

Wärmeproduktion des Muskels 100.
Wasserhaushalt 62.
Wasserstoffionenkonzentration s. pH.
Wasserverdunstung, Dixippus 62.
— Frosch 62.
Webersches Gesetz 2, 5.
Weinbergschnecke s. Helix pomatia.
Wellen, Sohle des Schneckenfußes 50.
Windreflex, Dixippus, Meconema 23.
Winklersche Methode zur Messung des
Sauerstoffverbrauches 85.
Wollhandkrabbe s. Eriocheir.

Zählapparat für Blutkörperchen 65.
Zapfen, Ölkugeln in den 18.
— Wanderung in der Retina 18.
Zuckreflex des Regenwurms 46.
Zuckungszeit des Muskels 96.
Zweilichtversuch 7.